ESSAY
SUR LE
MOUVEMENT

Ou l'on traitte de fa NATURE, de fon
ORIGINE, de fa COMMUNICATION en
general; & en particulier des CHOCS
des CORPS qu'on fuppofe parfaitement
SOLIDES & des effets qui doivent reful-
tes de leurs differentes fituations, & à
cette occafion on examine encor la Queftion du PLEIN & du VUIDE & la Nature de la REACTION

PAR
MONSIEUR DE CROUSAZ

de l'Academie Royale des Sciences de Paris
& Profeffeur de Mathematique & de
Philofophie dans l'Univerfité
de Groningue.

A GRONINGUE,
Chez JEAN COSTE, Libraire.

M. D. CC. XXVI.

CUPIDUS VERI

AMICUS PACIS.

Qui tales non sunt, iis tales ut evadant continuò *annitendum est*

Interim ab illis qui se his affectibus ductos profitentur, traducendis, saltem abstinere decet.

A MONSIEUR

S' GRAVEZANDE

Celebre Professeur d'Astronomie
& de Mathematique dans l'U-
niversité de Leyde.

IE saisis MONSIEUR avec
une joye extréme, une oc-
casion tres naturelle, que
m'offre cét ouvrage, de
vous assurer, aux yeux du
public, du cas que j'ai toujours
fait de vos lumieres, de vôtre amour
pour la verité & de vôtre sagacité à la
découverir & à la mettre dans son jour:
Je vous dois encor, Monsieur, & je
dois à mapropre satisfaction, une re-
connoissance des plus marquées, pour
l'amitié que vous m'ayez témoigné dès
monarrivée dans ces Provinces, &
pour vos soins obligeants à me procurer tout ce qui pouvoit m'etre d'usage.
Il n'a pas tenu à vôtre zele de me

mer

mettre en état d'enfeigner ici la Phy-
fique avec tous ces fecours fi utiles,
fi brillans, & fi neceffaires, par où
vous illuftrez L'Academice de Leyde,
& vous lui procurez un éclat incônu
fous tous vos predeceffeurs. En vain
chercheroit-on quelque autre preuve
plus forte & plus demonftrative d'un
coeur veritablement Philofophe, auffi
bien que de la fincere modeftie avec la
quelle vous vous exprimez dans l'ex-
cellente Preface de vôtre Nouvelle
Edition, fur le conpte de ceux qui ne
penfent pas fur de certains fuiets de
la même maniere que vous. Je m'é-
tois deja perfuadé, Monfieur, que
tel eft vôtre caractere & j'en avois
conclu que je ne courrois aucun
rifque de vous déplaire en avançant, fur queiques articles, des conjectures differentes des vôtres. De
cette comparaifon il doit naturellement naitre des éclairciffemens qui
pourront contribuer à enrichir la Phy-
fique ; c'eft ce que nous cherchons
l'un & l'autre. On peut dire que cette

te science si belle , & si digne de l'attention de l'esprit humain , ne fait
presque que de naitre.   l'Ancienne E-
cole n'a presque donné sous ce nom-
que des pauvretez & l'on payoit des
hommes stupides pour gâter l'esprit de
la Jeunesse en la familiarisant avec les
tenebres & les termes vuides de sens.
Dès qu'on a reflechi sur la necessité où
l'on est de penser au lieu de se borner
à parler sans tien dire, & à enseigner
sans rien apprendre , quelques genies
du premier ordre se sont un peu trop
pressez a bâtir des systemes Universels.
En suitte nombre d'Esprits paresseux,
également serviles & fiers , apres s'etre
rendus disciples aveugles d'un Grand
homme, ont fait sentir tout leur empor-
tement à ceux qui osoient dire que
leur Maitre êtoit un *homme* & qu'il
n'avoit pas encore tout vû.   Quel bon-
heur, Monsieur, si les conferences
paisibles & polies des vrays Philoso-
phes de nos jours parvenoient à donner de l'émulation à ceux qui deu-
roient se faire un devoir & un hon-

* 3

neur

neur singulier de l'esprit de douceur & de paix, en telle sorte qu'on pût chercher a s'éclairer de plus en plus sans s'exposer a leur haine, & aux tristes & dangereux effets de leur intolerance. J'aurois, Monsieur, encor grand nombre de choses a vous dire; mais la persuasion tres sincere, ou je suis de vôtre parfaite modestie, ne me laisse plus que la permission d'ajoûter qu'on ne peut être avec plus d'estime & de zele que je suis.

MONSIEUR

Votres tres humble & tres obéïssant serviteur

J. P. DE CROUSAZ.

à Groningue 4e.
Des. 1725.

PRE-

PREFACE.

IL a paru, depuis vn demi siecle divers ouvrages sous le Titre d'ESSAYS. & ces Ouvrages n'ont pas été les moins estimés. Ce Titre a encor plû par luy même, Il est en effet tres conforme à l'imperfection de l'esprit humain & à l'obscurité d'une grande partie de ses conoissances. Je n'en veux pas alleguer d'autres raisons, de peur qu'on ne me soupconne de chercher à faire retomber sur moy même, ce que je dirois sur le compte de cenx qui s'en sont les premiers servis. Ce que j'ose assurer, & dont ma conduitte sera une preuve réelle, C'est que je n'ay pas préferé ce Tibre à un autre, simplement par ce qu'il est à la Mode; Mais parce qu'en effet je ne donne cet Ouvrage que comme un Essay, & que je ne cherche pas moins à profiter moy mê-

même de ce qu'on pensera sur unes conjectures, qu'a faire part aux autres de
mes reflections au cas quelles se trouvent suffisamment fondées.

DISCOURS,

SUR LE PRINCIPE,

LA NATURE,

ET LA

COMMUNICATION
DU MOUVEMENT.

JE me represente un Physicien comme un homme qui veut faire essai de ses forces, & voir s'il pourroit venir à bout de comprendre comment sont faits les corps qui l'environnent, & de se former des idées justes de la maniere dont ils agissent sur lui, & de celle dont ils agissent les uns sur les autres.

On peut bien donner des noms à des causes que l'on cherche encore, & à des proprietés que l'on ne con-

A   noît

noît pas distinctement, & dont on
ignore les raisons, tout comme l'on
designe en Algebre les quantités qui
sont encore inconnues: mais il faut
bien prendre garde qu'à force de
manier ces signes, & de se rendre
ces noms familiers, on ne vienne à
se flater de connoître suffisamment
les choses mêmes qu'on s'est accou-
tumé à indiquer par ces expressions;
car il peut aisément arriver qu'on les
croye enfin telles qu'on a trouvé à
propos de les suposer, & qu'on se
permette de n'être point difficile sur
des principes dont la simplicité & la
secheresse est ordinairement peu at
traïante, pour se livrer au plaisir
d'en tirer des consequences qui sur-
prennent, & par là charment d'autant plus qu'ons s'atendoit moins à
les voir naître. Par le il arrive souvent que l'obscurité même des principes sert à relever le prix des consequences. On la respecte comme
une obscurité sacrée, & c'est beaucoup si l'on ne regarde pas comme
de petits genies, que la moindre difficulté arrête, ceux qui, sous prétexte
qu'il ne peuvent pas s'en former d'i-
dée,

dée, refusent de recevoir des principes d'où l'on tire de si riches conclusions. Mais je veux que ces principes fussent capables de produire tous les effets merveilleux qu'on leur attribue, s'il étoit vrai qu'ils existassent eux mêmes. Peut-être qn'ils n'existens point, & que ces effets sont dus à de tout autres causes. J'aime donc mieux chercher jusqu'a ce que je comprenne, que de m'arrêter à ce que je n'entens pas.

On sçait qu' Aristote s'étoit souvent borné à inventer de nouveaux mots, pour exprimer ce qu'il n'entendoit pas; & il semble qu'il s'étoit moins proposé d'enrichir son entendement de nouvelles lumieres, que la langue Greque de nouveaux termes. Il vouloit pouvoir parler & paroître parler savamment, de ce sur quoi le commun des hommes étoit obligé de se taire, faute d'expressions aussi bien que d'idées.

L'autórite de ce Philosophe avoit établi dans les Ecoles le goût de l'obscurité. Il y regnoit depuis long-tems. A la fin il arriva au Peripatetisme, ce qui arrive à la tyrannie :

    Quand

Quand elle est parvenue à un certain point, on ne peut plus la suporter. Descartes leva l'étendart de la liberté, on lut ses Ouvrages, & on connut en les lisant un plaisir nouveau', celui de voir. Dès-là on conçut du mépris pour 'es mots ausquels on ne savoit pas substituer des idées. Mais en matiere de Science, comme en matiere de Gouvernement, bien des gens se lassent de la liberté; on aime à se faire des Maîtres; om se regarde comme ayant quelque part à la gloire d'un grand Nom, dès qu'on s'y interesse avec beaucoup de zêle. L'obscurité des principes cesse de faire de la peine dès qu'on est résolu de voir par les yeux des autres, & de respecter leur autorité; on les leur passe avec la même facilité que leurs experiences, qui sont aussi une espece de principes, & que l'on ne se donne pas la peine de revoir après eux. On se hâte d'arriver aux consequences qu'ils en tirent, & c'est pour elles qu'on reserve son attention, parce qu'étant fort composées, on se fait d'autant plus de merite de les entendre, qu'il est plus difficile d'en venir à bout.   Les

Les Auteurs de Syſtêmes, las eux mêmes de chercher, ſe laiſſent enfin aller à la tentation de ſupoſer : ils font eſſai d'un principe, ils en tirent une conſequence ; de celle-ci une ſeconde, de la ſeconde une troiſié-me. Cette fecondité les charme, ils ne peuvent ſe réſoudre à ſoupçon-ner d'erreur un principe qui leur fait tant de plaiſir, & qui les enrichit de tant de connoiſſances ; ils ne ſont en peine que d'en profiter, de bien lier leurs conſequences, & de mettre ce-lui qui en a reconnu une, dans la ne-ceſſité de reconnoître les autres.

Cependant ce ne ſont que des ve-rités hypotetiques, elles ont beau ê-tre liées neceſſairement l'une à l'au-tre ; ſi leur premier principe eſt in-certain, il eſt vrai de dire qu'elles ſont incertaines, & ſi ce principe eſt faux, toutes les propoſitions qui en ſont des ſuites, ſont elles-mêmes au-tant d'erreurs.

On voit une infinité de gens qui prononcent déciſivement ſur ce qu'ils n'entendent pas. Dans l'enfance on ſe rend aiſement à leur autorité, & on les croit ſur leur parole. On ac-cou=

coutume encore les enfans dans les
Ecoles, quoique dans les unes moins
que dans les autres, à se charger la
memoire de ce qu'ils n'entendent
point. A force de se le rendre familier, ils viennent à croire, sans lumiere & sans preuve, ce qu'on leur
donne pour des verités. Il n'y a peut-
être point d'homme assez heureux
pour ne s'être pas familiarisé avec
l'obscurité, & pour n'avoir conservé
aucun des préjugés de l'enfance ou
de l'ecole. Je serai en garde contre
une faute, par l'observation de laquelle je viens de débuter, & je fe-
rai mon possible pour ne rien dire
que je n'entende.

***

Quel est le principe du Mouvement.

I.
Le Mouvement à une cause.
JE vois des corps en repos aprés les
avoir aperçûs en mouvement, &
j'en vois qui se meuvent après a-
voir été en repos. Dès-là je conclus que le corps est indifferent de sa
nature, à l'un ou à l'autre de ces é-
tats, ou du moins qu'il est susceptible

ble de l'un & de l'autre. Or tout
ce qui peut être & n'être pas, doit
avoir été déterminé par quelque cause à être plutôt qu'à n'être pas ; &
ce qui peut exister de deux manieres, doit avoir été déterminé par quelque cause à exister d'une façon plutôt que de l'autre.

Au jourd'hui nous voyons qu'un
Corps qui est en repos, se met en mouvement en suite de l'impulsion qu'il reçoit d'un autre ; mais comme celui-
ci avoit peut-être déja été en repos
avant que d'être en mouvement, &
que certainement il est susceptible de
l'état où nous ne le voyons pas autant
que de celui où nous le voyons, il
est naturel, & il est conforme à la
raison, de demander d'où vient qu'il
est lui-même en mouvement, & qu'il
en pousse un autre.

On n'échaperoit pas en fuyant,
pour ainsi dire, dans l'obscurité de
l'infini, & en disant que peut être y
a-t-il eu de toute éternité quelques
corps en mouvement.

En vain, dis-je, on chercheroit
à éluder la question par cette défai-
te ; on y seroit aisement ramené ;
A 4

car

car puifqu'il n'y a aucun corps dont
la nature foit incompatible avec l'é-
tat de repos, & que nous fommes
forcés de reconnoître que le corps
le plus agité pouroit conferver fon
exiftence, & fa nature de corps toute entiere, en perdant fon mouvement, nous fommes forcés d'avoüer
qu'li n'y a aucun corps qui n'ait pu
être éternellement en repos, au cas
qu'il nous plaife de fupofer la matiere éternelle, & il faudra toujours
convenir que quelque caufe éternelle
a dû déterminer à être en mouvement ce qui pouvoit être éternellement en repos; car comme aujour-
d'hui un corps en repos ne tire pas
fons mouvement de lui-même, mais
le recoit de l'efficace d'une caufe qui
lui eft exterieure; auffi un corps é-
ternel, fupofé qu'il y en puiffe avoir,
& qu'il y en ait eu, n'auroit pas tiré
fon mouvement éternel de fa nature,
fufceptible d'un éternel repos, comme d'un éternel mouvement; mais il
l'auroit recu de l'impreffion éternelle
d'une caufe differente de lui.

Si l'on effayoit d'éluder le raifon-
nement que je viens de faire, en difant

fant que comme la matiere a exifté éternellement, & par conféquent n'a point de caufe; il en eft de même du mouvement qu'on fe donnera la liberté de fuppofer éternel, comme la matiere. Je répondrois que rien ne peut être éternel, & fans caufe, que ce qui exifte neceffairement, car ce qui eft é ternel, mais qui auroit pû ne l'être pas, devroit tenir fon exiftence d'un caufe eternelle qui l'eût produit de toute éternité. Or fi l'exiftence du mouvement étoit neceffaire, fi des corps éternels ont été éternellement en mouvement, parce que c'etoit une neceffité qu'ils le fuffent, ils le feroient encore ; & un corps à qui le mouvement a été une fois fi effentiel, qu'il lui a appartenu neceffairement, & éternellement, ne l'auroit jamais perdu. Cependant les corps qui fe meuvent, perdent de leur mouvement à mefure qu'ils en donnent aux autres.

Si quelques-uns des corps qui compofent l'Univers ont eu un mouvement éternel, l'ont-ils eu neceffairement ou par hazard ? Étoient-ils tels qu'ils ne puffent etre fans mou-

vement, ou pouvoient-ils auſſi être
en repos? Dira-t-on que le hazard
en a décidé, & que par là ſeulement
un corps qui auroit pû être éternellement en repos, a été dans un mouvement éternel?

Si on aime mieux regarder les
mouvemens éternels, comme des
mouvemens d'une exiſtence neceſſaire, d'où vient qu'un corps, aprés
s'être mû éternellement, eſt venu à
perdre une partie de ſons mouvement, ou à le perdre tout entier?

Il y a plus, les corps dont les mouvemens ſont ſupoſés éternels, ſe ſont-
ils mûs éternellement ſans en point
recontrer, & ſans en point pouſſer?
N'eſt-ce qu'aprés une éternité que
leur mouvement à éprouvé des chocs
& des diminitions? Ou ont-ils eu é-
ternellement quelques corps dans leur
voiſinage? Si cela eſt, un corps é-
ternel en aura éternellement pouſſé
d'autres, & de toute éternité il aura
eu du mouvement, & en aura perdu,
car il l'avoit avant que de le perdre.
Ainſi plus on s'obſtine dans l'hypotheſe d'un mouvement éternel, plus
on s'enfonce dans des contradictions.

Il ne faut pas se laisser éblouïr par ce qu'offriroit de commode la supofition de quelques corps à qui le *mouvement* feroit *effentiel*, comme le repos aux autres. Ceux-là, diroit-on, ne le perdroient jamais, mais le conferveroient toujours tout entier, quoiqu'ils paruffent en perdre une partie lorfque les effets de leur activité feroient ralentis par les maffes qu'ils feroient obligés de porter avec eux, comme l'activité d'un cheval paroît ralintie par le poids dont il eft chargé, quoique fans devenir plus grande, & fans recevoir aucun accroiffement, elle le fera avancer d'avantage dés qu'on aura diminué la charge qui la retardoit.

Pour répondre, je n'ai pas befoin de foire remarquer la différence qu'il y a entre un corps organique compofé d'une infinité de refforts, & de machines de toutes efpeces, dont le jeu eft entretenu par le fang pui y circule, par la fermentation de mille fucs, par l'air que refpirent les animaux, &c. & un corps fimple à qui aucune caufe interieure non plus qu'exterieure ne rend le mouvement

qu'il

qu'il perd à la rencontre de ceux qu'il fait mouvoir. Je ne combatrai pas non plus cette supofition par fon obfcurité, & par la difficulté qu'on éprouve ou plutôt par l'impuiffance où l'on eft de fe former une idée d'un corps doüé d'un mouvement effentiel & imperdable. Il me fuffit de faire voir que cette hypothefe ne répond pas aux phenomenes du mouvement.

Quand un corps en choque un autre, il faudroit, felon ce fyftême, qu'une partie des corpufcules qui font effentiellement mobiles, paffaffent du premier dans le fecond, & que chaque corps s'avançât à proportion de la quantité des corpufcules qui le porteroient en avant. Mais d'où vient qu'un corps n'en chaffe un autre que dés qu'il vient à le toucher? Doù vient que ces corpufcules fi mobiles ne s'échapent pas du premier pour paffer dans le fecond, à quelque proximité qu'il en foit à moins qu'il ne le touche? L'air leur laiffe un chemin trés libre; cependant ils n'y paffent point.

Dira-t'on que ces corpufcules,
four-

fources & fujets propres de tous les
mouvemens, ne fe détachent d'une
maffe, où ils font une fois nichés,
qu'à proportion des obftacles qu'une
autre fait à la continuation de leur
route? Mais d'où vient qu'il en paffe
tout autant d'une boule dans une autre, quoiqu'elles ne fe touchent qu'en
un point, qu'il en pafferoit d'un cube dans l'autre, s'ils étoient de même
poids que les boules, quoique la furface de l'un s'aplique fur toute la
furface de l'autre? Il faut qu'ils fe
dégagent bien aifément, & il faut
leur atribuer une finguliere dexteri-
té, & une efpece d'intelligence &
de conduite pour quiter ainfi toutes
les parties de la boule où ils font ré-
pandus, & en fortir tout à la fois par
le feul point du contact, ou pour
s'échaper par des lignes paralleles au
diametre qui paffe par ce point, tra-
verfer l'air, où ils n'avoient garde
de s'échaper fans cela, & fe rendre
dans la même boule où fe font rendus ceux qui ont defilé parle point
du contact, s'y arrêter enfin & s'y
nicher jufques à ce qu'une occafion
femblable les avertiffe de fe fepa-
rer. A 7 Le

Le feu de la poudre contient une prodigieuſe quantité de ces corpuſcules: ils ſe répandent dans l'air en un moment avec une extrême promtitude. Doù vient qu'ils n'y paſſent pas à beaucoup près ſi vîte dès qu'ils ſont entrés une fois dans la bale? Il y en entre plus quand la charge du fuſil eſt groſſe que quand elle eſt petite: Ils n'y entrent pourtant pas tous dans ce dernier cas; d'où vient qu'il n'y en entre pas autant qu'elle en peut contenir? Dou vient qu'il en entre moins dans une bale de bois ou dans une bale de metal creuſe que dans une bale ſolide? Eſt-ce qu'il n'y a pas aſſés de pores pour les contenir; ou ſi quand les pares ſont trop ouverts ils s'échapent des petits pores qui ſont danr les particules ſolides, pour paſſer dans les grauds pores, que ces parties laiſſent entr'elles, & des la ſe diſſiper? Si cela eſt, doù vient qu'ils ne ſe diſſipent pas incontinent des pores d'une boule ſolide dans l'air qui l'environne?

On ne pent pas faire retomber les Queſtions que nous venons de faire ſur la cauſe premiere elle-même de

rout mouvement. On ne peut pas
dire que pouvant être & n'être pas,
il faut qu'il y ait eu une cause qui
l'ait déterminé à être plutôt qu'à n'ê-
tre pas Ce langage ne signifie rien :
On ne sçauroit chercher une telle
cause sans extravagance, ni la supofer fans contradiction. On ne sçauroit supofer un être absolument parfait comme capable d'exister, mais
n'exiftant pas encore, fans fe contredire ; car ce qui eft neceffairement
& ce qui eft fi réel qu'il implique
contradiction qu'il ne foit pas, eft
fans contredit plus parfait que ce qui
eft, mais qui auroit pû n'être pas.

Il y a plus : Si l'être abfolument
parfait n'exiftoit pas actuellement, il
feroit impoffible qu'il exiftât jamais ;
car ce qui le determineroit à exifter
feroit plus parfait que lui, & outre
la puiffance il auroit l'éternité, &
par confequent une réalité infinie de
plus que lui.

Quand nous parlons de l'être abfolument infini, ou abfolument parfait, fi nous voulons penfer confor-
mément à nos expreffions, nous nous
rendrons atentifs à l'idée de l'être,

&

& nous nous abstiendrons de le borner à la possibilité, & d'en exclure
l'existence actuelle, l'existence éternelle, l'existence necessaire.

Quand on va à la recherce des premiers principes, c'est une necessité
de se rendre attentif à des idées un
peu Metahysiques : Ces idées sont
ordinairement suspectes, & j'avouë
que ce n'est pas sans fondement. On
abuse aisément de la Metaphysique,
parce que comme ses idées ne frapent
pas l'imagination, on s'accoûtume à
ne s'y rendre pas attentif, & par là
on s'accoûtume à ne mettre pas sur
cette matiere une assés grande difference entre les mots qui signifient &
ceux qui ne signifient pas ; on n'est
pas assés circonspect & assés exact à
discerner ceux dont on a fait une juste
aplication d'avec ceux qu'on aplique
à des sujets ausquels ils ne con viennent pas.

Mais pourvû qu'on use d'atention
& de discernement, on peut faire des
demonstrations Metaphysiques aussi
sures que les demonstrations Mathematiques. La verité de celles-ci ne
depend pas de ce qui s'offre aux yeux ;

car si cela étoit, elles n'établiroient que des verites particulieres, au lieu qu'elles roulent sur des vérités très universelles, dont ce qu'on a sous les yeux n'est qu'un exemple particulier. Il faut pour entrer dans la force d'une demonstration s'assurer que tout ce qui est vrai de ce qu'on a sous les yeux, est vrai de l'idée generale dont cet objet determiné n'est qu'une aplication.

Et pour ce qui est des impressions qui se font sur nos sens, & qu'on regarde comme l'unique fondement des idées Physiques, elles n'établissent point nôtre certitude seules & par elles-mêmes : Ce n'est pas précisément parce qu'il s'excite en nous des sensations de couleurs, de sons, &c. que je puis conclure qu'au dehors de nous existent des corps qui les causent ; chacun sçait qu'il faut raisonner & profiter des idées de l'entendement pour démontrer cette consequence, & pour faire passer en certitude les raports de nos sens.

Plus on connoîtra distinctement la nature du corps, plus on s'assûrera qu'il faut chercher hors du corps la cau-

2.
La connoissance de la natu-

re du corps, conduit à celle de la nature du mouvement & à la découverte de son origine.

cause premiere de son mouvement. Deplus, le mouvement étant une maniere d'être du corps, mieux nous connoîtrons ce que le corps est, moins nous courons risque de nous tromper en lui assignant des attributs qui ne lui conviendroient pas; de sorte que pour établir la nature & l'origine du mouvement, je débute par déterminer la nature du corps, qui en est le sujet.

Il faut convenir que l'étenduë est une substance, puisque la définition de la substance lui convient toutà fait; il n'y a point de caractere plus sûr, ni de voye plus naturelle pour en décider : On conçoit que l'étenduë a une existence qui lui est propre, une existence à part, qui n'est l'existence d'aucune autre chose; c'est ce qu'on ne concevroit point, si elle étoit le mode, l'attribut, la maniere d'être d'une autre substance.

L'étenduë étant une substance, l'etenduë & la substance étenduë sont des termes synonymes; il ne faut point chercher dans l'étenduë une substance differente d'elle, non plus qu'on

ne cherche point dans le triangle u-
ne figure differente de lui, quand on
le définit par une figure triangulai-
re; car quelle est cette figure, si ce
n'est le triangle même? Ainsi quand
on définit le corps une substance étenduë, quelle est cette substance? c'est
l'étenduë, même.

S'il y avoit dans les simples corps,
dans une pierre, par exemple, une
substance differente de l'étenduë, on
se seroit trompé en regardant cette
pierre, comme n'ayant d'autre substance que son étenduë, de la même
maniere qu'on se tromperoit en regardant un animal de quelque espece
jusqu'ici inconnuë, & que l'on pren-
droit pour un animal brute, quoiqu'il
eût une ame semblable à celle de
l'homme. En ce cas il y auroit dans
cette pierre une substance differente
de l'étenduë, & dans cette enceinte,
où nous ne suposions qu'une seule
substance, il y en auroit deux; mais
l'étenduë en seróit toû jours une.

De plus, cette substance préten-
duë du corps est-elle étenduë, ou
ne l'est elle pas? si elle est étenduë,
son étenduë differente de celle que
nous

nous voyons & que nous connoiſſons,
cette étenduë inconnuë eſt elle une
ſubſtance, ou encore attribut d'une
autre ſubſtance? s'ils diſent qu'elle
eſt ſubſtance; l'étenduë peut donc
être ſubſtance, & tout ce qu'ils ob-
jectent contre celle que nous connoiſſons retombe ſur celle que nous
ne connoiſſons pas, qui étant étenduë ſera diviſible, & étant éténduë
finie, ſera figurée comme celle que
nous connoiſſons.

Diront ils qu'elle n'eſt pas ſubſtance, mais attribut d'une ſubſtance?
Voila donc deux attributs étendus,
le connu & l'inconnu, & par là encore on n'avance rien, car je réitere
la même queſtion ſur la ſubſtance
dont l'étenduë inconnuë ſeroit un attribut plus immediat que la connuë.

S'ils répondent qu'il n'en ſcavent
rien, & qu'ils n'en peuvent rien ſça-
voir, puiſqu'ils n'en ont aucune idée;
je crois qu'ils parlent comme ils pen-
ſent, mais par là ils ne levent point
la difficulté.

Ils peuvent ignorer ſi elle eſt é-
tenduë ou non étenduë, mais ils ne
peu-

peuvent pas ignorer qu'elle eſt neceſſairement l'un ou l'autre. Vous
voyés homme de loin & dans l'obſcurité, je vous demande s'il eſt de
vôtre connoiſſance ? vous répondez
que vous n'en ſcavez rien, & vous
avez raiſon de répondre ainſi, car
vous ne l'apercevés pas aſſez diſtincte-
ment pour en décider. Mais ſi je
vous demande, n'eſt-il pas vrai ou
que vous l'avez vû ci devant, ou
que vous ne l'avez jamais vû, ou que
vous en ſcavez le nom, ou que vous
ne le ſcavez pas ? vous ne ſcauriez
diſconvenir qu'un des deux ne ſoit
vrai. De même s'il y avoit dans le
corps une ſubſtance differente de
l'éntenduë que nous voyons, une
de ces deux propoſitions ſeroit vraie,
cette ſubſtance eſt étenduë, cette ſubſtan-
ce n'eſt pas étenduë; car tout ce qui
eſt du rang des choſes, étenduës,
ne l'eſt pas des non étenduës, & reciproquement.

Or j'ai déja prouvé qu'on ne peut
pas dire dans le ſiſtéme que je com-
bats, qu'lle ſoit étenduë; ſi doni je
prouve encore qu'il n'eſt pas permis
de la ſupoſer non étenduë, il faudra
tom-

tomber d'accord qu'il n'eſt du tout pas permis de la ſupoſer, & que c'eſt une chimere. Cette derniere partie eſt facile à prouver. Ce qui n'eſt point étendu ne peut pas être le ſujet dans lequel l'étenduë ſubſiſte; la ſubſtance dont l'étenduë eſt un des attributs, exiſte d'une manière étenduë, puiſque l'étenduë eſt une de ſes manieres d'être, un de ſes états : Or être dans un état étendu, exiſter d'une maniére etenduë, c'eſt être étendu, ou c'eſt être de l'étendue.

La figure eſt un attribut de l'étenduë, c'eſt l'étendue même en tant que terminée; le mouvement eſt un attribut de l'étendue, & ceſt l'étendue même en tant que changeant de place. Quelle plus grande differen-ce qu'entre ce qui eſt étendu & ce qui ne l'eſt pas? ſi la ſubſtance du corps n'eſt pas étendue, l'étendue ſon premier attribuit ſera inſiniment dif-ferent de ſa ſubſtance. L'étenduë d'un corps pourroit donc tout au plus être regardée comme quelque choſe d'apartenant à une ſubſtance, com-me quelque choſe ſur quoi une ſub-ſtance non étendue auroit quelque
pou-

pouvoir ; mais en la concevant ainsi,
on la concevroit comme une substance dépendante d'une autre differente
d'elle.

Mais l'étendue, disent-ils, est divisible à l'infini, comment seroit-elle
une substance ? Quoi donc, quand
on diviseroit cet attribut, on ne diviseroit point la substance ? quand
on a partagé un pied cube d'or en
cent mille pieces, la substance de cette masse ainsi divisée demeure-t-elle
indivisible ? passe-t-elle toute entiere
dans chacun de ces morceaux, ou si
elle reste toute entiere avec un seul
d'eux ?

Le terme d'Un est un terme relatif, & non pas absolu ; un pied cube d'étendue, est l'étendue d'un pied,
c'est une substance d'un pied, & non
pas de deux. Le pied d'étendue a
son existence à part de tous les autres pieds imaginables. Mais il contient 1728. pouces cubes ? cela vrai,
& chaque pouce cube est une substance ? cela este encore vrai, c'est
une etendue d'un pouce & non de
deux, qui a son existence à part de
tout autre pouce cubique imaginable.
Enfin,

Enfin, dira-t'on, il eft bien force de suppofer une fubftance corporelle differente de l'étendue, puifqu'avec l'étendue feule on ne fçauroit expliquer ni la dureté ni la pefanteur; & d'ou fçavent-ils que cela ne fe peut? Sçavent-ils tout? Ont-ils vû toutes les combinaifons poffibles des modifications de l'étendue? Peut être qu'en ajoûtant quelque chofe à ce qu'on a déja dit de plus raifonnable fur les caufes de ces deux proprietés des corps terreftres, il ne reftera plus de difficulté. Ce font là des qualitez que Monfieur *Boile* apelloit fort à propos *Cofmiques*. L'agencement de la vafte machine de l'Univers en eft la caufe, & elles ne font pas des qualités qui dérivent immediatement de ce qui eft effentiel à un bloc d'étendue en elle même. On peut donc, pendant qu'on n'en connoit pas encor exactement la caufe, conjecturer très-raifonnablement, qu'il y a dans la difpofition de l'Univers quelque arrangement qui ne nous eft pas encore affez connu, pour en comprendre toutes les confequences, & pour en voir tous les effets.

Su-

Supofons que l'hypotefe de Defcartes fur la pefanteur, foit la veritable; Avant lui on n'en avoit aucune idée, à caufe de cela, étoit-on en droit de l'imputer à une *forme fubftantielle*? Supofons encore que celle de Monfieur Newton fur les couleurs, nous en découvre precifément les caufes; On n'y penfoit pas avant lui; & fi quelqu'un, après avoir refuté toutes les autres conjectures où il entroit du Mechanifme, avoit conclu, en difant qu'il s'en falloit tenir à la penfée des Ariftoteliciens, & dire que les couleurs font dans les corps des qualitez, toutes femblables aux fentimens qu'elles excitent, n'auroit-on pas eu raifon de leur dire, *vôtre conclufion eft precipitée; viendra le tems qu'un genie plus penetrant, plus patient ou plus heureux, tirera des fes vrais principes, une explication des couleurs, auffi differente de celle d'Ariftote, que de tous ceux que les Ariftoteliciens refutent.*

Combien les Nombres n'ont-ils pas de proprietés? combien de Theorêmes ne fourniffent pas leurs combinaifons? combien de Problêmes ne

B

peut-

peut-on pas propoſer ſur les Nombres, de même que ſur les Triangles, les Cercles, & les autres Figures? En rejettera-t-on la dêfiniti-
on, dés qu'on ſera arrêté par la difficulté de donner quelque ſolution
compliquée?

Dès qu'on ſera convenu que corps
& étendue c'eſt la même choſe, on
ſera obligé de reconnoître, & on
verra trés-clairement, qu'aucun corps,
c'eſt à dire, qu'aucune portion d'é-
tendue ne peut tirer ſon mouvement
d'elle même, qu'elle ne ſçauroit paſſer d'elle même de l'état de repos à
celui de mouvement, qu'elle eſt in-
differente à l'un & à l'autre de ces
deux états; qu'elle eſt également ſu-
ſceptible de l'un & de l'autre; que
par conſequent il faut que quelque
cauſe exterieure la détermine à l'un
plûtôt qu'à l'autre. (a)

Mais

(a) *Les Partiſans du Vuide pourroient ici
m'arrêter, mais ils ne m'arrêteront qu'un moment, parce quo qüand je regarde comme Sy-
nonimer les tèrmes de Corps & d'Etenduë,
par le mot d'Etendue j'exprime celle dont
j'ay l'idée & c'eſt une Etenduë Solide. Et il*
faut

Mais cette cauſe, differente de la ſubſtance corporelle, comment y a-t'elle fait naître le mouvement? Je

B 2

faut neceſſairement en venir là; car de deux choſes l'une. Un Eſpace vuide, une Etendue non corps eſt poſſible, ou impoſſible: Si elle eſt poſſible, quand on definit le Corps d'i-dée d'Etendue, il faut neceſſairement j'oindre celle de Solide qui le caracteriſe & qui luy eſt eſſentielle. & file Vuide eſt impoſſible. Etendue & ſolide ſont des termes reciproques, qui dit l'un, dit neceſſairement l'autre.

Envain on alleguera pour exemple les Corps Fluides; car je demanderai dabord à celuy qui me fera cette objection, ce qu'il entend par Fluide. Eſt ce un Bloc compoſé de parties penetrables, ou de parties impenetrables, mais qui s'écartent aiſément l'une de l'autre pour donner paſſage à un corps; dont le mouvement exige cet écard, afin qu'il paſſe entr'elles.

Un Fluide, pour meriter le nom de Corps, doit donc eſtre compoſé de parties Solides. Une Etendue infiniment fluide, ſeroit infiniment cedante dans toutes ſes parties, elles ne feroient abſolument aucune reſiſtance & laiſſeroient paſſer le Mobile Solide, ſans avoir beſoin de ſ'écarter les unes des autres, pour luy donner paſſage.

Je ne me ferois pas de peine de pouſſer plus loin ce fujet, j'y pourrai revenir dans la ſuitte; mais il n'eſt pas neceſſaire de l'examiner dans un plus grand detail pour l'eclairciſſement du ſuiet précis que je traitte, & dans lequel je dois me renfermer.

répondrai encore à cette demande, non seulement parce que cela me paroît neceſſaire, pour achever d'éclaircir la queſtion ſur le principe du mouvement, mais de plus, parce que cela nous amenera à en découvrir la nature.

Comme nous n'avons d'idée que de deux ſubſtances, de l'etendue & de celle qui penſe, & qu'en qualité de Phyſiciens, nous voulons faire eſſai de nos idées, & voir juſqu'où elles ſont capables de nous conduire. Aprês avoir connu que la ſubſtance étendue ne peut pas être elle-même l'origine de ſon mouvement, il faut eſſayer de la chercher dans une ſubſtance intelligente; Or à quelque intelligence qu'on s'aviſât d'attribuer les premiers mouvemens de l'Univers, comme il faudroit toûjours reconnoître que cette Intelligence tiendroit ſon pouvoir de l'Intelligence ſuprême & éternelle, c'eſt dans la puiſſance & dans la volonté de celle-cy, qu'il faut chercher la premiere origine du mouvement.

La puiſſance d'un être, quel qu'il ſoit, c'eſt cét être même exiſtant d'une d'une certaine façon, ou consideré à de certains égards ; c'est cet être même agissant, & faisant naître quelque chose qui auparavant n'étoit pas substance ou état de substance. La Puissance de l'être sans bornes, de l'être infiniment réel, c'est donc cet Etre même, & par conséquent elle est aussi sans bornes, elle est infinement réelle, infinement active. L'intelligence éternelle peut produire tout ce qu'elle veut, & le produire avec une infinie facilité, c'est à dire avec une facilité proportionnée à sa puissance, proportionnée à ce qu'elle est. Il suit de la qu'elle opere par sa volonté, que son ordre est immediatement suivi d'un effet tel qu'elle l'a voulu, tel qu'elle l'a ordonné, car s'il falloit que cet acte de sa volonté fût encore soûtenu de la moindre application, fût accompagné du moindre effort, la facilité ne seroit pas infinie ; & une volonté efficace par elle-même, agiroit encore plus facilement, & seroit encore plus puissante.

Nous faisons naître divers mouvemens dans nôtre corps par la seule efficace de nôtre volonté, ou du

moins

moins si la volonté ne produit pas immediatement les mouvemens de nos muscles, elle détermine les esprits à y couler, & en général les causes qui les agitent à s'y porter: nôtre volonté est donc cause de ces manieres d'être, que nous appellons des déterminations de mouvement, ses ordres sont incontinent exécutés; les causes immediates des mouvemens de nos bras & de nos jambes lui obéïssent incontinent, quoique cette volonté ne connoisse pas ces causes, & que ces causes ne la connoissent pas, & ne soient pas même capables de connoissance.

Quand on supposeroit qu'il n'y a dans l'homme qu'une seule substance, la volonté & le mouvement seroient toûjours deux attributs trés differens: la volonté est une manière d'être, qui se sent, & qui se connoît par là même qu'elle existe; au lieu que le mouvement ne se sent ni ne se connoît; l'une seroit pourtrant la cause de l'autre.

Enfin si l'on pense que nôtre volonté n'est qu'une cause occasionelle des mouvemens de nos esprits, ou de leurs déterminations, il faudra toûjours

jours reconnoître qu'elle en est la cause aparente: or ce dont elle est une apparence, une ombre, une representition, il faut que la realité s'en trouve quelque part: & ce sera dans la volonté de l'être suprême.

Cet être renferme toutes les perfections absoluës, c'est à dire, qui ne font accompagnées d'aucune imperfection; infini il se suffit à lui-même; heureux par lui-même, & infiniment fatisfait de se connoître, & de joüir de lui-même, il pouvoit ne rien produire de different de foi-même, car il n'avoit befoin de rien; & comme le mouvement pouvoit être & n'être pas, il pouvoit le produire ou ne le produire pas; La Volonté suprême est libre, il est effentiel à la parfaite liberté de se déterminer elle-même, & sa volonté s'est elle-même librement déterminée à vouloir que l'étenduë fût, & à vouloir qu'il y eût du mouvement dans l'étenduë. Voïons le naître de cette volonté.

Confiderer les chofes dans leur naiffance, c'est un des moyens des plus propres pour les connoître; car chaque chofe est precifément ce que

                fa

ſa cauſe lui à donné d'être en la faiſant, & ſi elle eſt l'effet d'une volonté, elle ſe trouve preciſément telle que cette volonté a voulu qu'elle fût, lorſqu'elle en a ordonné la naiſſance.

De la nature du Mouvement.

4.
Naiſ-
ſance
du mou-
vement

POur voir naître le premier mouvement, il faut d'abord ſupoſer qu'il n'y en a poînt, c'eſt-à-dire, ſe repreſenter toutes les parties de l'Univers dans un parfait repos.

Cette ſuppoſiton eſt très-raiſonnable; on commence par le plus ſimple, & le repos l'eſt infiniment, en comparaiſon du mouvement. Un corps en repos eſt toûjours dans le même état, & conſerve conſtamment & uniformément les mêmes relations ; mais quoiqu'un corps en mouvement ſoit toûjours en mouvement pendant qu'il ſe meut, & que ſon mouvement puiſſe de plus être uniforme, c'eſt-à-dire, aller toûjours d'un train égal, il y a néanmoins dans le mouvement un changement continuel, & ce changement lui eſt

eſſen-

essentiel ; il s'éloigne toûjours plus d'un terme, & s'aproche toûjours plus d'un autre, ses relations de distance ne demeurent jamais les mêmes ; il s'aplique toûjours à des parties differentes, il les parcourt l'une après l'autre ; il est dans une succession continuelle ; au lieu que dans le repos on ne trouve qu'une parfaite identité.

Je choisis dans cette vaste étenduë, où il n'est encore arrivé aucun changement, & je désigne par la pensée, une Sphere de six pieds, par exemple, de rayon ; sa surface convexe parfaitement polie, est immediatement touchée en tous ses points, par une concavité qui l'embrasse, & qui est aussi parfaitement polie ; c'est à-dire, je ne conçois aucune des parties de l'une engagée dans les interstices de l'autre.

Cette Sphere, & ce qui l'environne, sont dans un parfait repos, ce sont toûjours les mêmes parties de l'une & de l'autre surface, qui se touchent constamment. Prenés dans cette Sphere quelque partie qu'il vous plaira, comparés-la avec quelle que

vous

vous voudrez choisir dans les corps qui l'environnent; sa situation demeurera la même; sa relation de distance ne changera point.

Concevés après cela que l'intelligence suprême veut que cette Sphere applique successivement la surface *convexe* qui la renferme à la surface *concave* qui l'embrasse immediatement; cette volonté sera incontinent suivie de son effet, & cette Sphere se mettra en mouvement. Concevés l'intelligence suprême, qui ordonne à cette Sphere de se mettre en mouvement; cét ordre sera aussi exécuté, & elle, c'est à-dire, toutes ses parties, appliqueront successivement la surface *convexe*, qui les renferme toutes, à la *concavité* qui la touche.

5.
Premier caractere.
Je vois déja par là que le mouvement est l'état d'un corps qui applique successivement sa surface à l'etendue qui l'avoisine immediatement; c'est la *premiere* proprieté essentielle au mouvement, que sa naissance me face apercevoir.

6.
Second.
Je m'aperçois en même tems d'une *seconde*, qui n'est pas moins essentielle, c'est qu'il n'y a aucune partie dans

dans cette Sphere, qui ne change sans cesse de situation, par raport aux parties de la concavité, à laquelle je la compare; ce n'est pas la surface convexe de la Sphere, qui s'applique seule succeſſivement: toutes les parties qu'elle renferme, & dont elle est la surface commune, contribuent à l'appliquer, & en faiſant cela, elles changent toutes de situation.

Déſignés encore par la penſée, vers l'extremité de cette Sphere, un anneau d'un pied d'épaiſſeur, & figures vous qu'il se meut, tout le reſte demeurant immobile. Toutes les parties renfermées entre les surfaces, l'une convexe & exterieure, l'autre interieure & concave de cet anneau, changeront de situation, par raport aux corps qui les environnent, & toutes enſemble appliqueront succeſſivement les deux surfaces dans leſquelles elles ſont renfermées, & qui ſont les extremités du tout qu'elles compoſent.

Mais le centre de cette Sphere se meut-il auſſi? Sans doute, car tout ce qui est renfermé dans ſon enceinte, se meut. On ſupoſe ordinaire-

B 6

ment

ment un rayon de cercle tournant au
tour d'un centre, qu'on regarde comme immoble; mais c'eft une fupofition abftraite: on fait abftraction du
mouvement de ce centre, on en parle comme d'une Sphere infiniment
petite & immobile, au tour de laquelle l'extremité du rayon tourne-
roit, & l'erreur de cette fupofition
n'eft d'aucune confequence, parce
qu'elle eft infiniment petite, Mais
réellement & exactement parlant, le
centre c'eft l'extremité du rayon, ce
rayon fe meut & fon extremité, qui
eft quelque chofe de lui-même, fe
meut auffi. Une Sphere eft compo-
fée de deux Hemifpheres, les furfa-
ces planes de ces deux Hemifpheres fe
touchent immediatement; Dans l'u-
ne & dans l'autre il y a un rayon,
& ces deux rayons pofés bout à bout,
forment le Diametre; entre l'extremité de l'un & celle de l'autre, je
parle des deux extremités qui fe touchent, il n'y a abfolument aucun in-
tervalle, & on peut prendre pour
centre celle de ces deux extremités
qu'on voudra. Il arrive à chacune de
ces extremités des deux rayons, ce

qui

qui arrive à toute la surface plane de
chacun de ces deux Hemispheres :
elles changent sans cesse de situation,
elles sont toûjours tournées vers de
differens endroits, ce qui étoit superieur devient inferieur après un demi
tour ; ce qui étoit tourné à la droite,
est tourné à la gauche après autant
de mouvement.

L'assemblage de tout ce qui compose la Sphere , en appliquant successivement sa surface, & en changeant de situation, parcourt un espace ; c'est une *troisieme* proprieté
essentielle au mouvement ; mais il
faut que je m'explique.

Pour ne m'embarasser d'aucune
hypothese, j'ai déja préferé de voir
naître un mouvement circulaire à un
mouvement en droite ligne, parce
qu'à moins de suposer un vuide parfait, un mouvement en droite ligne
ne peut se concevoir seul. Tout mobile qui s'eloigne d'un terme & s'a-
proche d'un autre, en parcourant une
ligne droite, chasse de son chemin
ce qu'il rencontre, & à moins d'un
grand vuide , l'oblige de circuler :
par là le mouvement en droite ligne,

7.
En quel
sens le
mouve-
ment
par-
court un
espace.

B 7   cm-

emporte le circulaire, au lieu que le circulaire peut se concevoir tout seul; c'est par cette raison que je l'ai choisi, afin qu'à la vûë du mouvement naissant, nôtre attention ne fût pas obligée de le partager sur beaucoup d'objets. J'éviterai encore la question du vuide, dans cette troisiéme remarque que je fais sur ce qui est essentiel au mouvement. Je prévois que cette controverse pourra trouver une place plus commode dans la suite des Questions qui se presenteront après cette année.

La concavité en repos qui embrasse nôtre Sphere en mouvement, est très-réelle, c'est l'extremité d'une étenduë corporelle; elle est necessairement d'une certaine capacité, & dans nôtre suposition, ce qu'elle renferme est aussi une étenduë corporelle. Un Corps qui se meut parcourt donc une concavité corporelle; cette concavité est d'une capacité déterminée, dans l'hypothese du plein, toûjours remplie d'une étenduë corporelle, quoique non pas toûjours de la même, parce que quand il y a du mouvement, l'une succede à l'autre. Dés

Dés que la supofition du vuide fera une fois accordée, l'idée de l'efpace parcouru fera plus fimple; mais cette fupofition a auffi fes difficultés. Je ne prens pas parti quand il n'eft pas neceffaire.

Quand une Sphere fe meut au tour de fon centre, une certaine & même portion de concavité, après avoir été parcourue fucceffivement par une certaine partie de la convexité du mobile, eft enfuite parcouruë par une autre, de la même façon; à la feconde fuccede une troifiéme toûjours parcourant la même partie, & ainfi fans interruption, au lieu que dans une concavité etenduë en ligne droite, une certaine portion, après avoir été parcouruë, ne l'eft plus, toutes les parties du mobile l'abandonnent entierement. (b)

Cet-

(b) L' Hypothefe du Vuide *eft tout à fait commode pour concevoir le mouvement. On s'en reprefente beaucoup plus aifement la naiffance & la continuation, dans cette hypothefe, que dans celle du Plein abfolu. Mais j'ay cru de pouvoir m'expliquer fans me lier ni à l'une, ni à l'autre de ces deux Suppofitions,*

&

8.
Idée de
la quan-
tité du
mouve-
ment

Cette idée du mouvement conçû, comme l'état d'un corps qui parcourt un *Espace*, ou qui parcourt une *Concavité d'une capacité déterminèe*, éclaircit tout à-fait ce qu'on apelle la *quantité* du mouvement.

Tous les Phyſiciens que j'ai lû, après avoir ſupoſé que le mouvement eſt une Quantité, la définiſſent en diſant que c'eſt *le produit de la peſanteur du mobile par la viteſſe*. Déja la ſupoſition n'eſt pas ſans obſcurité, à cauſe de l'idée qu'on a accoûtumé d'attacher au mot de quantité, laquelle idée preſente quelque choſe de fixe, d'étendu, de groſſier; l'embarras croît quand on y fait entrer une regle de multiplication, qui a pour une de ſes *racines*, la maſſe ou le *poids*, & pour l'autre la *viteſſe*, deux genres d'être fort differens.

Mais on peut rendre très-claire

cet-

& ce n'eſt que pour rendre ma Solution plus ſimple & plus indépendante que j'ay pris ce parti; car d'ailleurs apres y avoir penſé trcs longtemps, il m'a paru que le mouvement etoit impoſſible dans un Plein parfait. Je pourrai dans la ſuitte expliquer mes Idées ſur ce ſujet.

Voyès le premier Eclairciſſement ſur le Vuide.

cette idée, par le raisonnement suivant. Qui dit mouvement, dit succession, c'est une de ses proprietés
essentielles. Qui dit succession, dit
une maniere d'être, qui n'est point
renfermée dans de certaines bornes,
c'est a dire une maniere d'être qui
n'est point fixe, qui n'est point déterminée, & n'a point une certaine
précision dont elle ne puisse s'écarter.
Dés qu'une application est successive, elle peut l'être moins & elle peut
l'être plus. Un corps peut changer
plus ou moins de situation, cela signifie qu'il peut se mouvoir plus ou
moins, qu'il peut parcourir plus ou
moins d'espace ; toutes ces expressions sont synonimes, la signification
de l'une emporte la signification de
l'autre ; ce que l'on désigne par l'une,
est inseparable de ce que les autres
font entendre, c'est donc une necef-
sité qu'il y ait dans le mouvement du
plus & du moins, & par conféquent
le nom de *quantité* lui convient.

Quand *plus d'espace* est parcouru,
il y a plus de mouvement, quand
moins d'espace est parcouru, ou quand
la concavité parcouruë est *d'une moindre capacité*, il y en a moins.   Pour

Pour avoir la grandeur d'un espace, ou, ce qui revient aù même,
la capacité d'une surface concave,
on fçait qu'il en faut multiplier la
longueur par la baze; Or les mêmes
nombres dont on se sert pour exprimer le raport de deux longueurs de
chemin, ce font les mêmes nombres
qu'on employe pour exprimer le raport des deux vitesses; car une vitesse est à l'autre comme la longueur
du chemin qu'un des mobiles parcourt
à la longueur de celui que parcourt un
autre mobile, dans le même tems.

Le poids d'un mobile répond à la
baze de l'espace parcouru, ce que je
prouve ainsi. Qu'on se représente
un cube parfaitement solide, si on le
supose divisé en une infinité de tranches trés minces, qui parcourent,
l'une après l'autre, la longueur d'une
toise, c'est tout comme si autant de
toises qu'il y a de tranches avoient
été parcouruës par une seule de ces
tranches. Donc pour avoir la grandeur de l'espace parcouru, il faut
multiplier une toise par la somme de
toutes les tranches. Le poids du cube donne cette somme absolument,

ſi la peſanteur eſt quelque choſe d'ab-
ſolu, il la donne relativement, ſi la
peſanteur n'eſt que relative; & cela
ſuffit, parce que quand on parle de
la quantité du mouvement, on ne
ſe borne jamais à penſer au mouvement d'un ſeul corps en lui-même,
mais on compare toûjours deux mouvemens entr'eux.

Si toutes les tranches dans leſquelles on ſupoſe le cube diviſé, au lieu
d'être aſſemblées en cube, étoient
rangées, le bord infiniment mince de
l'une ſur le bord infiniment mince
de l'autre, pour compoſer une ſimple ſurface en ſituation verticale;
quand cette ſurface décriroit la longueur d'une toiſe, il ſe parcourroit
autant d'eſpace tout d'un coup, qu'il
s'en parcourt quand chaque tranche,
ſe mouvant à la ſuite de l'autre, décrit l'eſpace qui vient d'être parcouru par celle qui la précede.

Quand le cube eſt partagé en tranches, la concavité qui les embraſſe
a bien une ſurface incomparablement
plus grande que celle qui envelope le
cube, mais elle n'eſt pas d'une plus
grande capacité, & ne renferme pré-
ci-

ciſément que la même quantité d'é-
tenduë ; ainſi par raport à l'étenduë de
la capacité parcouruë, n'importe quelle figure & quel agencement on donne
à la même quantité de parties ſolides.

Si le premier cube que nous avons
ſupoſé étoit diviſé en un grand nombre de petits qui ne ſe touchaſſent
que par leurs angles, laiſſant entr'eux
des intervalles d'une grandeur égale
à la leur, la ſurface qui environne-
roit cet aſſemblage de parties ſolides
& d'intervalles, ſeroit bien encore
d'une capacité plus grande que celle
qui environnoit le cube ; mais la
ſomme des capacités de toutes les
ſurfaces qui environneroient les parties ſolides, ſeroit toûjours la même,
& c'eſt à ces parties ſolides, & à la
capacité de la ſurface qui les renferme, qu'on a uniquement égard,
quand il s'agit de la quantité du mouvement ; parce que dans l'hypotheſe
du vuide, il n'y a rien dans les intervalles ; & dans l'hypotheſe oppoſée,
il ſont remplis d'une matiere ſubtile
& fluide, qui y coule avec facilité,
& s'en échape ſans ceſſe ; de ſorte
qu'elle ne doit non plus entrer en ligne

gne de compte, quand il s'agit de la
force du mouvement, & de l'efficace
du choc, que l'air enfermé entre les
intervalles des cordes d'une raquette,
n'est compté entre les causes qui contribuent à pousser une balle de jeu
de paume.

Une surface verticale & infiniment
mince, qui parcourroit la longueur
de deux toises, parcourroit un espace ou une concavité, dont si l'on
vouloit avoir la capacité, il faudroit
multiplier cette surface *baze de l'e-
space* par deux toises sa *longueur*. Or
le poids de cette surface verticale est
précisément la mesure de son étenduë. Qu'on la conçoive ensuite divisée en plusieurs quarrés qui apli-
qués l'un sur l'autre forment un cube, ce sera le même poids, & si le
centre de ce cube parcourt deux toises, chacune des parties qui le composent de côté & d'autre de ce centre dans le même plan, parcourra
chacune une longueur differente de
la longueur parcouruë par ses voisines. Les autres parties du cube par-
courront la même que celles qui les
precedent auront déja parcouruë;
mais

mais c'eſt comme ſi chacune parcouroit une longueur ſeparée, puiſque
chacune en parcourt l'équivalent.
De quelque maniere que les parties
de mobiles ſoient rangées, on multiplie toûjours le même poids par la
méme longueur, & on a le même
eſpace; & quand on a le même eſpace parcouru, on a la méme quantité de mouvement. Le nombre qui
marque le poids marque donc la baze
de l'eſpace parcouru, & le nombre
qui marque la viteſſe, marque la
longueur de cet eſpace, c'eſt ce qui
a donné lieu à multiplier le poids par
la viteſſe, pour avoir la capacité de
l'eſpace parcouru, & par là, la quantité du mouvement.

9.
La quanti-té du mouve-ment, c'eſt le mouve-ment même.

Le mouvement étant l'état d'un
corps qui parcourt un eſpace, & la
quantité du mouvement étant toûjours proportionnée à cét eſpace, on
voit qu'un mouvement ne differe pas
de ſa quantité.

Les corps n'ont de force que par
leur mouvement, la force du mouvement, c'eſt le mouvement méme;
maniere d'étre efficace & active de
ſa nature, efficace & active par là
mé-

10.
Auſſi-bien que la force.

méme qu'elle est ; d'où il suit que la force du mouvement & sa quantité sont encore la méme chose. (c)

Quand j'ai voulu me former une idée du mouvement, & decouvrir en quoi il consiste, en le voyant naître, j'ai comparé le corps ou je m'atendois de le voir survenir, je l'ai, dis-je, comparé avec la surface de celui qui l'environnoit ; mais je n'ai point fait entrer dans ma definition le repos où j'ai d'abord conçu ce corps, par la méme que je supposois tout l'Univers en repos. Cette suposi-tion n'étoit point necessaire. Un corps se meut par rapport à un autre dès qu'il change sa situation par rapport à lui, & un corps peut changer de situation par rapport à un autre qui sera en mouvement, tout comme par rapport à un autre qui sera en repos. Deux corps partent de dessus la méme ligne : L'un fait dans une minute une toise, un autre en fait deux : Celui-ci se meut par rapport à celui-la, comme s'il avoit fait une toise, par rapport à un corps en

II.
S'il est
neces-
saire de
compa-
rer un
corps
en mou-
vement
avec
des
corps
en repos

(c) *Vojes le second Eclaircissement sur la Force du mouvement.*

en repos. De même un corps en mouvement est pourtant en repos par rapport à celui avec lequel il garde la même situation, & conserve les mêmes relations de distance. Ainsi je suis en repos par rapport au Globe de la Terre qui me soûtient, avec lequel j'avance d'Occident en Orient, sans changer de situation à l'égard de ses parties. La situation d'un corps par rapport à un autre peut encore etre changée sans qn'il cesse d'etre en repos, pourvû que ce ne soit pas lui qui la change, & c'est seulement de celui qui fera ce changement de situaton de qui il sera vrai de dire qu'il est en mouvement.

Si pour établir la nature du mouvement, il est necessaire de comparer un corps qui se meut avec un autre en repos, que fera-t-on du corps en repos ? Le comparera-t-on avec un corps en mouvement ? La notion du repos entreroit-elle dans celle du mouvement, & celle du mouvement dans la notion du repos ? Ce seroit un cercle. Pour éviter cela, le comparera t-on avec un corps en repos, & faudra-t-il faire entrer
l'idée

l'idée du repos dans sa definition ?

Le mouvement existe hors de nous, indépendamment de nos reflexions & de nos comparaisons. Si donc pour s'assurer du mouvement d'un corps, il falloit considerer celui avec lequel on le compare comme s'il étoit en repos, pour avoir une juste idée du mouvement, il faudroit souvent faire une suposition fausse.

Le mouvement est une maniere d'être, un certain état de l'étenduë; mais c'est une maniere d'être relative, c'est l'être d'un corps par rapport à un autre.

Il est impossible de se representer une portion d'étenduë en mouvement, à moins de la comparer avec une autre qui en soit près ou qui en soit loin, qui la touche ou qui en soit distante; & puisque je dois regler les jugemens que je porte sur les choses par mes idées, quand ces idées sont necessaires & qu'il n'est pas en mon pouvoir de les changer; je conclus delà que le mouvement est l'état d'un corps relativement à celui d'un aurre. Mais je n'ai nul besoin de faire attention si un corps avec le-

12.
Le mouvement est un état relatif.

lequel je compare celui que je conçois en mouvement, est en repos ou ne l'est pas.

Dès qu'un corps ne change point de situation à l'égard d'un autre, il est en repos par rapport à lui, soit que celui ci se meuve ou ne se meuve pas. Il est bien vrai que dans le premier cas, il faut qu'ils soient l'un & l'autre en mouvement par rapport à un troisiéme, à l'égard duquel ils changent l'un & l'autre de situation.

Figurés-vous un cube en mouvement: Concevés que sur sa face superieure on en pose un autre égal à lui, & qu'en le posant on lui donne autant de mouvement qu'en a celui sur lequel il est placé. On en aposera un troisiéme a sa face inferieure porté encore de la même vitesse. Deux des faces de celui du milieu cessent de s'apliquer successivement à ce qui les avoisine: Elles continuent pourtant à se mouvoir. Pourquoi? Parce qu'elles font un seul tout avec les deux cubes que l'on vient d'ajouter au premier, & que ces trois cubes appliquent conjointetément leur surface commune à la concavité qui les environne. L'assemblage des trois change de situation, & enfin cet assemblage parcourt une certaine concavité. Ces parties d'un tel tout se meuvent, car le tout & l'assemblage de ses parties, c'est une même chose. Chacune de ses parties ne se meut pas comme un tout séparé des autres, car aucune ne s'applique successivement à ce qui l'environne, aucune ne change de situation par rapport à ce qui l'avoisine, aucune ne change de situation par rapport à ce qui la touche, aucune ne parcourt la concavité dont elle est immédiatement environnée. Le cube donc du milieu ne se meut pas par rapport aux deux autres, à l'égard desquels il ne change nullement de situation, mais il se meut avec eux.

On en concevra encore quatre placés sur les quatre faces qui restent & poussés en s'y plaçant du même côté & avec la même force. Le cube du milieu est enfermé, aucune de ses faces ne s'applique successivement, il ne change point de situation à l'égard des six cubes qui le renferment;

mais

mais il change de situation avec eux par rapport aux corps environnans, avec lesquels on comparera cet assemblage. Quoiqu'il ne se meuve point par rapport à aucun de ces six, il se meut pourtant par rapport à d'autres corps, & une preuve de cela, c'est que si on détache les cubes environnans du cube environné, il conservera separé l'état où il étoit joint avec eux, & il continuera à changer de situation par rapport aux corps à l'égard desquels il en changeoit.

C'est ce qui a donné lieu à distinguer le mouvement en mouvement *propre* & en mouvement *commun*. Concevés quelque portion d'étenduë qu'il vous plaira, dès qu'elle appliquera successivement sa surface a une surface voisine, elle se mouvra d'un mouvement qui lui sera propre, & qu'elle aura distinctement de toutes les masses voisines; elle aura un mouvement qui l'en separera, qui en fera une masse a part; mais les six, les douze parties, &c. dont vous la concevrés composée, demeureront l'une auprès de l'autre, toujours appliquées l'une a l'autre sans aucune succesceſſion ; elles ne changeront point de ſituation entr'elles ; elles ſeront donc ſans mouvement propre chacune par rapport à ſa voiſine ; mais toutes enſemble auront un mouvement commun qui les fera également changer de ſituation à l'égard d'un certain terme avec lequel on les comparera, & par rapport auquel elles ſeront toutes en mouvement.

Le mouvement commun eſt très réel ; c'eſt *l'état d'une partie qui change autant de ſituation que les autres*, & qui parcourt ſa portion proportionnée de l'étendue que la maſſe entiere parcourt ; & ce mouvement deviendra *propre*, ſans aucune addition, *dès que les parties* qui avoient ce mouvement *viendront à ſe ſeparer*, en telle ſorte que les unes ſeront arrêtées, & les autres ne l'étant pas, continueront leur maniere d'exiſter en changeant de ſituation.

Si deux bateaux liés l'un à l'autre fendent l'eau avec une égale vîteſſe, aucun des deux ne ſe meut par rapport à l'autre ; ils ne changent nullement de ſituation, mais ils demeurent affermis l'un contre l'autre. Mais ſi l'un des

C 3

deux

deux se brise en frotant contre les bords d'un rocher, l'autre continuëra à se mouvoir, & son mouvement qui étoit commun quand il étoit lié a l'autre, deviendra mouvement propre. Ainsi encore quand une poutre descend une riviere avec la même vîtesse que l'eau qui l'environne, en telle sorte que la même partie d'eau est constamment appliquée a la même partie de cette poutre ; elle ne se meut pas par rapport a cette eau, elle n'a point par rapport a elle de mouvement propre, mais elle se meut d'un mouvement qui lui est commun avec elle. Quand la poutre & l'eau qui l'environne sont conjointement arrivées à une cataracte, la poutre s'élance plus loin que l'eau, non par un nouveau mouvement qui lui soit donné dans cet endroit, mais en vertu de ce mouvement qui lui étoit commun avec l'eau qu'elle quitte, parce que l'air oppose une plus grande resistance à l'eau qui lui cede davantage & dont il écarte les parties, que non pas à la poutre qui lui oppose, & des parties liées, & une moindre surface par rapport à sa masse.

Quel-

Quelquefois deux mouvemens d'u-
ne même partie, font tels, que l'un
détruit précifement & reciproquement l'effet de l'autre. Qu'une boule roule fur le plan *AB*, aprés avoir
fait un demi tour, fon centre *C* aura decrit la ligne *CD* égale à la ligne
EF, qui eſt elle même egale à la demi circonference de la boule.   Or ſi
le plan *AB* eſt pouſſé du Septentrion
au Midi précifement, avec la même
vîteſſe que le centre *C* ſe porte du
Midi au Septentrion, ce centre *C*
ſe trouvera toujours vis-à-vis du même point *G* du plan *HK*, qui ſoutient le plan *AB*, & la boule qui roule deſſus; car le plan *AB* retire la boule
qu'il ſoutient vers le Midi, & un point
quelconque *L* qui touche ce plan, re-
brouſſe vers le Midi de même que ce
plan, & le centre eſt toujours vis-à-vis
d'un point touchant *L*. La ligne *CL* toujours perpendiculaire au plan *AB*, & les
lignes *EL*, *CC*, qui joignent les perpen-
diculaires égales, ſont toujours égales.

Le centre *C* ſe meut réellement,
auſſi-bien que la boule, dont la demi circonference décrit veritablement
la ligne *EF*. Le plan *AB* ſe meut

14.

Com-
binai-
ſons des
mouve-
mens.

Figu-
re 1.

C 4

réel-

réellement auſſi, & porte avec lui
la boule qu'il ſoutient, ſans quoi le
centre *C*, après que cette boule a
fait un demi tour, ne ſe trouveroit
pas vis-a-vis du même point *G* où il
étoit d'abord.   Ce plan donc porte
la boule de *G* en *P*, & la boule ſe
porte de *G* en *F*.   Ces deux mouvemens ſont réels; & s'ils ne l'étoient
pas, ils ne détruiroient pas reciproquement l'effet l'un de l'autre, & il
n'arriveroit pas a la boule, comme il
lui arrive, de n'avancer ni de reculer.

15.
Re-
marque
ſur la
defini-
tion
fondée
ſur la
ſuppoſi-
tion de
l'eſpa-
ce.

   Si après s'être déterminé pour l'hypotheſe du vuide, on ſe bornoit a
dire que le REPOS eſt *l'état d'un
corps qui occupe conſtamment le même
endroit de l'eſpace*, & que le MOUVE-
MENT eſt *l'ètat d'un corps qui occupe
ſucceſſivement pluſieurs endroits de cet
eſpace*; on ne pourroit pas dire que
le centre *C* eut du mouvement dans
les cas propoſés, puiſqu'il ſeroit toûjours au même endroit de l'eſpace,
& qu'il n'en ſortiroit point; au lieu
qu'en diſant que le mouvement eſt
un état relatif d'un corps *qui change
de ſituation* par rapport a un autre,
il ſera vrai que le centre *C* ſe meut,
puiſ-

puisqu'il change sans cesse sa situation par rapport à la ligne *EF*, quoique le mouvement qui lui est commun avec le plan *AB* qui le soûtient, le ramene toûjours au même point du plan *HK*, & au même point de l'espace, s'il y en a un.

Si ces deux mouvemens se faisoient l'un après l'autre, il n'y auroit point de difficulté. Le centre *C* decriroit *CN* douziéme partie de *CP*, puis se reposeroit en *PO* pendant que le plan *AB* decriroit *EO*, douziéme partie de *EF*, & égale à *CPO*. On comprend que le centre *C* seroit alors ramené où il étoit vis-à-vis de *E*. Moins les lignes *CN*, *EO*, seront grandes, plus petits seront les intervales reciproques des mouvemens du centre *C*, & du plan *AB*, & moins le centre *C* s'écartera du sommet de la perpendiculaire *EC*. Et si enfin ces lignes sont infiniment petites, si ces intervales sont nuls, c'est-à-dire, si ces mouvemens se font en même temps, il n'y aura pas successivement éloignement & rappel par rapport au même endroit. Ces deux mouvemens produiront leurs effets en mê-

C 5

me

me temps, & l'écart du centre de la perpendiculaire *CG* sera nul (d).

(d) *Je confens que l'on conçoive une Eten-*
duë immobile, & en même temps infiniment
cedante & penetrable. Chaque corps en occu-
pe une place proportionée à fa Maffe. Quand
il en fort il eft en mouvement. Quand il n'en
fort pas, il eft en repos, & il n'y a que le
mouvement qui l'en face fortir. Je tomberai
d'accord de ces dernieres propofitions, fi par le
mouvement dont il y eft parlé, on entend un
mouvement unique, un mouvement propre;
Mais il fe peut qu'un Mouvement compofé, &
furtout un mouvement compofé d'un propre &
d'un commun, retiene le Mobile dans le meme
endroit de l'efpace, parce qu'un des mouvemens
le repouffera dans cet endroit avec la meme for-
ce que l'autre l'en éloigne. Ces deux Mouve-
mens detruiront l'effet l'un de l'autre, c'eft à
dire l'effet que chacun deux auroit s'il etoit feul,
mais ils ne fe detruifent point, au contraire c'eft
parce qu'ils fubfiftent l'un & l'autre qu'ils de-
truifent reciproquement leurs effets.

Que le Corps A (Fig. 5.) attaché au fil AC
circule autour du Centre C. Il etoit en repos
en A & il y rempliffoit un Efpace egal à fa
Maffe. Son mouvement circulaire l'en tire &
le fait paffer d'A en B de là en D de là en
E, & enfin ce même mouvement le ramene de
E en A pour l'en tirer inceffammeut une fe-
conde fois.

C'eft ainfi qu'apres qu'un Mobile a fait du
Midy au Septentrion un piè de chemin fur un Plan
qui

qui le soutient, si pendant qu'il fait sur ce même Plan un Second Pié, on retire ce Plan du Septentrion au Midy & on luy fait faire deux piés, le Mobile en vertu de deux Mouvemens réels se retrouvera au même endroit de l'espace & le remplira comme auparavant, & si en même temps que ce Mobile parcourt sur le Plan, qui le soutient immediatement, deux piés de longueur, du Midy au Septentrion, le plan est retiré précisément de la même mesure du Septentrion au Midy, le Mobile ne sortira pas de l'Espace qu'il remplit. Or dans ce cas qui pourroit nier que les deux mouvemens ne soyent réels. La Trace du Mobile se voit sur le Plan, du bord Meridional il avance vers le Septentrional, & il y arrive enfin; D'un autre cotè la route du premier Plan se trace aussi sur un second, il s'eloigne d'un terme, il s'approche de l'autre & il porte la boule avec luy.

Le moyen d'estre asses prevenû en faveur d'une Definition, pour soutenir qu'un Corps où l'on void tant de caracteres de mouvement ne laisse pas d'estre dans un parfait repos. Quand donc on definit le Mouvement par l'etat d'un Corps qui cesse de remplir une certaine partie de l'Espace pour en remplir successivement d'autres, afin de pouvoir ajouter qu'un tel mouvement est le seul vray, & que les autres ne sont qu'apparens en comparaison, il faut ce me semble avoir la precaution de distinguer un mouvement simple & unique, d'avec un mouvement composé.

Qu'un Cercle face dans deux minutes une
cir-

circulation entiere autour d'un Aiſſieu immobile A (F. 6.) Que cet Aiſſieu ſoit en ſuitte porté de A en B dans deux Minutes, en telle ſorte que la ligne A B ſoit egale à la Circonference du Cercle. En ce cas le Centre a un mouvement d'une Viteſſe egale à celle d'un point quelconque de la Circonference, comme du point Superieur D. Quand ce point D ſera parvenu au bas du Diametre, dans un moment tres petit ce point inferieur d decrira une petite Tangente ef parallele à la ligne A B d'une viteſſe egale à celle avec laquelle le Centre A ſe porte & porte avec luy le point d par un mouvement contraire, & qui tend de A vers B. Par là le Point d reſte au même endroit de l'Eſpace. Il y auroit donc un petit moment pendant lequel il y auroit dans la circonference qui circule un point qui ſeroit en repos. L'extremité Superieure du Diametre Dd ſeroit en mouvement, & l'inferieure d en repos, & rien de tout ce qui ſe trouveroit entre ces deux points extremes ne ſeroit ſans mouvement. Qui pourroit digerer ces conſequences ? Il arrive quelquefois à un eſprit très vif & très fécond d'approuver une Definition, qui eſt tres vraye dans un Sens. Il ſe la rend familiere par mille cas auxquels il l'applique ſans difficulté. De là il tombe ſur d'autres dont le paradoxe ne l'etone point. Pour moy, je l'avouë, je me ſens l'eſprit trop peſant pour convenir qu'un homme qui parcourroit ſur l'Equateur Terreſtre quinze degres dans une heure, ou un degrè dans quatre minutes, reellement & dans la verité ſeroit demeuré en repos.

L'exem-

Le mouvement est un état *Relatif*, & un même sujet peut soutenir en même temps, à divers égards, des relations non-seulement differentes, mais opposées.

C'est ainsi que M. Rohaut conçevoit qu'un poisson qui feroit effort contre le fil de l'eau, sans pouvoir le surmonter, au point d'avancer plus près de la source, & qui n'en feroit pas non-plus emporté, se mouvroit réellement, sans faire pourtant de progrès; car il s'apliqueroit succeffivement à differentes parties de l'eau, il changeroit sa situation à leur égard; mais

C 7

L'exemple d'un Oiseau qui s'efforce de voler du Midy au Septentrion, mais qu'un vent du Nord empeche d'avancer pourroit passer pour un cas differend. Si l'on ne trouve pas à propos de concevoir qu'il est ramené vers le Midy par l'air qui le soutient, on pourra se representer que tout est mouvement, que tout petille dans ses muscles, pour soûtenir l'effort du vent & n'en estre pas entraîné. Le vent se meut rèellement & ses parties s'appliquent successivement le long de l'oiseau. L'effort de ses muscles, c'est à dire les tourbillons interieurs qui les enflent, sont cause que le Corps de l'oiseau même ne change pas de situation conjointement avec le vent.

mais le courant de l'eau qui le souti-
endroit, contraire & égal au mouvement du poiſſon en avant, le rame-
neroit, ou plutôt le retiendroit dans
la même ſituation à l'égard des bords :
ſituation dont il ſeroit tiré ſans ce
mouvement commun, contraire &
égal au ſien propre.

Tout corps en mouvement eſt donc
ou un tout ſéparé, par ſon mouvement
même, de ce qui l'environne, & le
touche immediatement, ou il fait
partie d'un tout. Un tout parcourt
la concavité qui l'embraſſe, change
de ſituation par rapport à elle, & y
applique ſucceſſivement ſa ſurface.
Une partie de ce tout ſe meut auſſi,
mais conjointément avec les autres ;
c'eſt-à-dire, que conjointément avec
les autres, elle parcourt la concavité
qui les embraſſe, change avec elles
de ſituation & applique à cette concavité leur ſurface commune ; mais
en même temps il eſt vrai de dire qu'une partie eſt en repos par rapport à celles qui l'environnent, ſur
leſquelles elle n'a point plus d'effet
que ſi elle & ſes voiſines compoſoient
un tout en repos ; elle ne change
point

point de situation par rapport à elles, elle ne les quitte point, elle ne parcourt point la concavité particuliere dont elle est environnée.

Mais, dira-t on, choisissés quelque corps qu'il vous plaira, & considerés-le en lui-même, ne sera-t-il pas vrai de dire qu'il se meut ou qu'il ne se meut pas? & sera-t-il permis d'ajoûter qu'il se meut en un sens, mais qu'en même temps il ne se meut point dans un autre? Je répons, 1°. Que pour concevoir un corps en mouvement, il ne suffit pas de le regarder seul & en lui-même; mais qu'il faut necessairement le comparer avec quelqu'autre. Le mouvement est inconcevable sans cela. Je répons, 2°. Que celui avec lequel on le compare, ou l'environne immediatement, ou environne des parties avec lesquelles le corps sur lequel tombe la question, compose un seul tout. Si les corps avec lesquels on le compare l'environnent immediatement, afin de pouvoir assurer qu'il se meut par rapport à eux, il faut qu'il parcoure leur surface, qu'il change par rapport à eux de situation; mais si ceux

avec

avec lesquels on le compare, environnent une surface qui lui soit commune avec d'autres parties, il faut que conjointement avec ces parties, il parcoure cette surface, &c.

Mais encor une fois, cette partie enchaſſée dans d'autres qu'elle n'abandonne point, a-t-elle un mouvement réel? Je repons qu'oüi, & qu'elle ſe meut réellement, non pas à la verité par rapport aux parties qu'elle ne quitte point, mais par rapport à la ſurface qui en environne l'aſſemblage: ſurface par rapport à laquelle elles changent toutes de ſituation. Un homme ſoutient réellement la relation de fils, mais c'eſt par rapport à celui dont il a reçu le jour, & non pas par rapport à ceux à qui il l'a donné.

Le mouvement a été établi afin de partager l'Univers en pluſieurs maſſes, ou molecules, ou particules ſéparées. Il eſt donc, par ſa nature & par ſon inſtitution même, la maniere d'être d'un corps qui ſe ſepare d'un autre, le parcourt & change de ſituation par rapport à lui.

Comme le mot de *mouvement* eſt
un

un mot *substantif*, & que l'on parle
du mouvement comme d'une *substan-*
ce, quand on dit, par exemple,
qu'il passe d'un corps dans un autre,
qu'il se partage, &c. on s'est accoûtumé à le regarder, ou plûtôt à le
suposer comme un être absolu, &
les raisonnemens qui amenent à le
considerer comme une maniere d'ê-
tre relative, ont un air de paradoxe.

C'est encor parce qu'on s'est accoûtumé à regarder un corps en mouvement comme faisant quelque pro-
grés, & s'avançant d'un terme vers
un autre, qu'on se trouve si étonné,
quand on en voit qui se meuvent &
n'avancent point, & qu'on a tant de
repugnance à reconnoître du mouvement dans un corps qui ne quitte
pas sa place. Cependant loin qu'il
n'en ait aucun, il en a deux, & s'il
n'en avoit qu'un des deux, il avanceroit effectivement d'un terme vers
un autre.

Le mouvement est une maniere
d'être réelle & active: En tant que le
mouvement est une maniere d'être
réelle, le *repos* est opposé au mouvement.

17.
Mou-
vement
être
réel &
actif.

ment comme à un terme positif, & est son *contraire* aussi positif : Mais entant que le mouvement est un état *actif*, le repos n'en est que la privation, que la *negation*, car le repos n'a point d'activité, & l'étenduë n'est active que par le mouvement.

Descartes, après avoir conçu que le repos étoit un état réel, en a conclu avec trop de précipitation, qu'il étoit aussi actif, & lui a attribué autant de resistance au mouvement, que le mouvement avoit de force pour vaincre le repos. Le Pere Malebranche a relevé cette erreur, avec les autres où elle avoit engagé ce grand Philosophe ; mais en dépoüillant avec raison le repos de toute activité, il est allé jusques à en faire une simple negation, un rien. Cependant quand on dit, *l'état d'un corps qui applique sa surface constamment aux mêmes parties ; l'état d'un corps qui conserve la même situation & les mêmes relations de distance ;* il me semble que ces termes signifient, & que les idées qui leur repondent sont des idées réelles & positives, ausquelles repond par consequent une maniere d'être réelle & positive. Les

Les argumens par lesquels le Pere Malebranche prétendoit établir le neant du repos, ne me paroiſſent pas conclüians.

Détruiſés le mouvement d'un corps, dit-il, cela ſuffit pour le mettre en repos. Il naît donc d'une ſimple ceſſation. On ne peut pas dire reciproquement, ajoûte-t-il, *Detruiſés le repos, par la même le mouvement naîtra, car il faut le determiner vers un terme, il faut en regler les degrés.*

Je repons par un exemple; *détruiſés toute courbure dans une ſurface, elle ſera plane par là même. Vous ne pouvés pas dire, ajoûterai-je, detruiſés cette forme PLANE, la courbure lui ſuccedera, & elle ne ſera que la ceſſation de la portion PLANE; car il y a une infinité de courbures; il faut en introduire une determinée.* Mais conclura-t-on delà, que la poſition des parties d'une ſurface plane, n'eſt qu'une ſimple negation, que cette poſition n'eſt rien de réel, & qu'elle ne doit avoir qu'une definition negative?

Dès que le mouvement ceſſe, le repos lui ſuccede infailliblement, &

ne-

neceſſairement : Cela eſt vrai, mais il y en a une cauſe réelle, la nature de l'étenduë, qui exige neceſſairement un contact; ſi ce n'eſt pas un contact ſucceſſif, c'eſt un contact permanent; elle exige neceſſairement & elle emporte une ſituation ou fixe ou variée.

Mais ſi *l'intelligence ſuprême ordonnoit l'exiſtence d'un corps ſans rien determiner ſur ſon mouvement, il exiſteroit en repos, & ce repos ſeroit un rien, puiſqu'il n'auroit point de cauſe.* Je répons que les idées de Dieu ſont des idées determinées & non pas ſimplement des idées vagues. Quand il ordonne l'exiſtence d'un corps, il ſe repreſente déterminément ce corps à qui il commande d'exiſter. Donc ſon repos, s'il naît en repos, ſera l'effet de la volonté divine ordonnant l'exiſtence d'un corps en repos, d'un corps répondant à ſon idée. Dieu commandant l'exiſtence d'un corps, ſe le repreſente auſſi déterminément par rapport à l'état de repos ou de mouvement, que par rapport à ſa groſſeur, que par rapport à ſa figure.

Mais

Mais c'est là une question veritablement Metaphysique plutôt que Physique, & qui roule sur une certaine précision d'idées. Pour l'explication des Phénomenes de Physique, il suffit de convenir que le mouvement est actif, & que le repos ne l'est pas.

L'activité du mouvement est aisée à prouver. Un corps qui se meut change de place, il déplace donc, il pousse ce qu'il rencontre. Mais pour le repos comment seroit-il actif, puisque si tout demeuroit en repos, il ne se feroit aucun changement, & il ne se produiroit aucun effet; Pourquoi un corps en repos resisteroit-il au mouvement, puisque l'étenduë est également susceptible de l'un & de l'autre de ces deux états, & se prête aussi aisément à l'un qu'à l'autre? A la verité un corps qui est en repos ne se mettra pas en mouvement de lui même ; il est déterminé à demeurer dans l'état où il se trouve, non par aucune repugnance au mouvement, très-conforme à sa nature & autant conforme que le repos, mais parce qu'il ne se fait rien sans cause, & que

la

18.
Mouvement actif.

la cause du mouvement ne se trouve point dans un corps en repos. Il ne s'y trouve que la susceptibilité du mouvement, la facilité parfaite à le recevoir.

Si un corps de deux onces en repos ne pouvoit pas être entraîné par un mobile d'une once, il ne le pourroit pas être par un mobile de trois. Je le prouve. De deux forces égales agissant sur le même sujet, l'une ne peut pas avoir de l'effet si l'autre n'en a point. Or un mobile d'une once qui a parcouru dans une minute six piés, a la même quantité de mouvement, & par conséquent la même force, qu'un mobile de trois onces qui en a parcouru deux dans le même temps. Donc si un corps de deux onces en repos resiste à l'un de ces chocs, il resistera à l'autre, puisque la vigueur de l'un n'excede pas celle de l'autre.

19.
Mouvement maniere d'être continuelle.

Le repos & le mouvement sont deux manieres d'être, *continuelles* l'une & l'autre, & qui ne sçauroient souffrir aucune interruption, sans changer de nature. Un corps dont l'application successive cesse pendant une heure, a certainement

ment

ment paſſé de l'état de mouvement
à celui de repos. Il y a encore paſſé,
ſi ſon application ſucceſſive ceſſe pendant la dixiéme partie d'une heure,
ſi elle ceſſe pendant la ſoixantiéme,
pendant celle que vous voudrés; car
pourquoi pouroit-il ceſſer de s'appliquer ſucceſſivement & de changer de
ſituation, c'eſt-à-dire, de ſe mouvoir
pendant un très petit intervale, ſans
ceſſer d'être en mouvement? Si le
mouvement peut s'interrompre pendant un petit intervale, & ſe repren-
dre enſuite, ſans qu'aucune cauſe le
rende & le faſſe renaître; pourquoi
la même choſe n'arriveroit-elle pas
après deux petits intervales? Si un
premier intervale n'a pas pû faire cef-
ſer le mouvement, un ſecond le pour-
ra-il? Le ſecond pouroit-il ce que le
premier égal à lui, & préciſément de
même nature, n'a pas pu?

Si le mouvement conſiſte dans une
application continuellement ſucceſſive, il ne peut y avoir d'atomes; car
déja un atome ne ſçauroit parcourir
un atome, puiſqu'un atome eſt ſans
étenduë. Or ſi un atome ſuperieur
couvre ſon inferieur ſans le parcourir

20.
Sans
atomes
d'éten-
duë.

rir, le mouvement ne peut pas être succeſſif pendant ce temps là. Deplus un atome ſuperieur poſé ſur un inferieur égal à lui, ou le quitte avant que de ſe placer ſur le ſuivant (& où ſeroit-il pendant cet intervale ?) ou il ſe poſe ſur le ſuivant, avant que de quitter celui ſur lequel il étoit, & eſt encore ſur le premier en même temps qu'il paſſe ſur le ſecond, & dans ces deux derniers cas, un atome ſeroit en même temps dans deux lieux differens ; il occuperoit en même temps deux places égales chacune à lui, & par là il ſeroit double de ce qu'il eſt.

Cette difficulté n'a plus lieu dés qu'on ne reconnoît point de terme dans la diviſion, mais qu'on la conçoit pouvant ſe pouſſer de petit, en petit, ſans fin & ſans ceſſe.

Fig.11. On ne diſconviendra pas que *ab* ne puiſſe avancer de la longueur *bc*, en même temps que *da* avance de la longueur *ab* — *bc* ; ce qui étant fait, *db* ſe trouve ſur *ac* ſon égale. Je diviſerai *ab* en deux parties, comme j'ai diviſé *db*, & je raiſonnerai de même. La ſurface qui s'applique & celle con-

contre laquelle elle s'applique, font toujours égales, mais il y a un flux continuel, & la partie postérieure de quelque portion que ce soit, quitte autant de place que la partie anterieure en occupe.

Il ne peut pas y avoir non plus des atomes de tems & des instans indivisibles ; car déja pendant un temps indivisible, une partie divisible ne sçauroit être parcouruë. Un atome d'espace ne sauroit non plus être parcouru, car absolument il ne peut pas l'être : Ainsi dans un premier instant il ne se parcourt rien : Dans un second non plus égal au premier, il ne se parcourra quoique ce soit ; de sorte que dans deux instans, il ne se parcourt rien de plus que dans un.

Le temps est donc divisible comme l'espace, de petit en petit sans fin & sans cesse.

Cette divisibilité du temps sert à resoudre une objection, que l'on tire de la divisibilité de l'espace, contre le mouvement. Une premiere moitié d'un espace, dit-on, doit être parcouruë avant la seconde : Cette premiere moitié en renferme deux, dont

21.
Ni de
temps.

22.
Sophi-
fme re-
folu.

D

la

la premiere encore doit être parcouruë avant la seconde, & ainſi de ſuite à l'infini. Quand eſt ce même
qu'un eſpace commencera d'être parcouru? Car un commencement doit
être precedé d'un autre; celui-ci encore d'un autre, & cela ſans fin &
ſans ceſſe: Quand eſt-ce que le premier de tous aura lieu, puiſqu'il éſt
infiniment éloigné de quelque terme
qu'on entreprenne d'aſſigner?

L'objection ſeroit concluante, ſi
tous les temps étoient égaux; car la
ſomme d'une infinité de tems égaux
& finis, monteroit à une ſomme infinie; mais dans la même proportion
que les moitiés d'eſpace décroiſſent
à l'infini, les temps deſtinés à les parcourir décroiſſent de même. L'une
& l'autre de ces progreſſions ne fait
qu'une ſomme finie. Pouſſés là ſi
loin que vous voudrés, il ſe manque-
ra toujours le dernier des termes où
vous ſerés parvenu, que la ſomme
de toutes vos diviſions & ſubdiviſi-
ons dès le premier terme, n'égale ce
premier. Pourvû que la longueur
du temps pendant lequel le mouvement doit ſe faire, ſoit proportionnée

née à la longueur de l'espace qui doit
être parcouru, ce temps sera suffi-
sant, & le mobile aura le temps de
parcourir cet espace.

Tout espace assignable est fini en
un sens & infini en un autre: Il commence à un terme & ne s'étend pas
au delà d'un autre ; mais l'étenduë
renfermée entre ces deux termes est
composée de deux moitiés, la premiere de celle-ci de deux autres, &
ainsi à l'infini. Il en est de même du
temps : L'heure dixiéme commence
& son commencement suit immediatement la fin de la neuviéme. Entre cette fin de la neuviéme & le
commencement de la dixiéme, il n'y
a aucun intervale, quoique l'un de
ces termes ne soit pas l'autre, L'heure dixiéme a son dernier terme comme son premier, & sa fin est immediatement suivie du commencement
de l'onziéme. Tout temps est donc
composé de deux moitiés, dont la
premiere l'est encore de deux autres,
& cela sans aucune fin. Le tems &
l'espace se répondent parfaitement.

Un espace fini & enfermé entre
deux termes peut être parcouru dans

D 2

un

un temps fini & renfermé de même
entre une fin & un comencement.
Cét espace, qui se divise à l'infini,
peut être parcouru pendant un temps
qui se divise absolument de même.
Ces divisions de petit en petit poussées tant loin qu'on voudra, ne feront de côté & d'autre qu'une somme finie. (e)

C'est un *Sophisme* & une faute contre la regle qui deffend de *comparer des
choses qui sont d'un genre tout different*,
que de s'ébloüir par la division de l'e-
space de moitié en moitié à l'infini,
& puis d'ajoûter, un tems fini pou-
roit-

(e) *Autant qu'une Quantité paroit devoir
s'augmenter, par le nombre de ses parties, autant elle s'eloigne de l'état d'augmentation par
leur petitesse. Quand la grosseur des parties
décroit dans la même proportion que leur nombre croit, la Somme reste egale.*

*J'ay une quantité d'un pié, Je la divise en
deux moitiés, & j'ay deux quantités, mais
chacune d'un demi pié sealement. Ie la divise
en cent, J'ay cent parties, mais chacune seu-
lment d'un centiéme de pié, & leur Somme
ne fait qu'un pié. L'espace quoique divisible à
l'infini, demeure fini & le Temps de même. La
grosseur des parties diminuë à proportion que la
Division se pousse.*

roit-il suffire à un mobile pour parcourir cette infinité? Pourquoi non, si ce temps fini renferme aussi une pareille infinité? Dans un temps fini il se décrit un espace fini. Dans un temps divisible à l'infini il se décrit un espace qui l'est de même.

C'est encore par une semblable combinaison sophistique du fini avec l'infini, que l'on pretendoit prouver, ou plûtôt que l'on faisoit semblant de prouver qu' *Achille* ne pouroit jamais atteindre une *Tortuë*. Que celle-ci ait cent toises d'avance sur lui. Pendant qu'Achille parcourra ces cent toises, la Tortuë avancera d'une centiéme, & tandis qu'Achille franchira encore cét espace la Tortuë s'avancera de la centiéme d'une centiéme, & ainsi à l'infini; elle le precedera toûjours moins, mais elle le precedera pourtant.

Dès qu'il s'agit de comparer deux vitesses finies avec des chemins finis, il ne faut plus y faire entrer un mélange de l'infini. Qu'Achille parcoure une toise dans une minute seconde, il en parcourra cent dans cent minutes; & cent & une toise dans cent

&

& une minute ; alors la Tortuë n'aura qu'une avance d'une centiéme de toise ; & pendant qu'Achille parcourra la toise cent & deuxiéme, la Tortuë fera encore, sur cette cent-deuxiéme toise, une nouvelle centiéme de chemin ; de sorte qu'au bout de cent-deux minutes, Achille l'aura devancée de $\frac{\ldots}{100}$ de toise. C'est ce que l'on trouve en comparant, comme la raison l'ordonne, le fini avec le fini.

Si vous voulés savoir précisément où c'est que deux tels mobiles se trouveront sur la même ligne, non pour y rester un instant, mais pour en partir dès qu'ils y seront arrivés, en telle sorte que la fin du temps qu'ils employent pour y parvenir soit immediatement suivie, & sans aucun intervale, du commencement du temps où ils en partent, voici la regle. La vitesse connuë d'Achille est b ; celle de la Tortuë aussi connuë est c : la longueur qu'elle a d'avance sur Achille est d : La longueur au bout de laquelle ils se rencontrent précisément sera $d + x$. Donc b (vitesse d'Achille). c (vitesse de la Tortuë)

tuë) : : $d + x$ (chemin total d'A-
chille.) x (chemin de la Tortue).

Donc $bx = cd + cx$. Donc $cd = bx - cx$, & $x = \dfrac{cd}{b - c}$.

Ici $x = \dfrac{100}{99} = \dfrac{100}{99}$, & $d + x = 100 + \dfrac{100}{99} = 101 + \dfrac{1}{99}$; car pendant que la Tortue fait $1 + \dfrac{1}{99}$, Achille fait $100 + \dfrac{100}{99}$. (f)

D 4

Cet-

(f) *Le Sophisme par lequel on prétend qu'un Mobile ne parviendra jamais à un certain terme, se refute de la même maniere; car si un Mobile peut parcourir une longueur finie, mais divisible à l'infini, il peut parvenir au dernier terme de cette longeur.*

Les Pyrrhoniens font encor cette objection contre l'existence du Mouvement.

Un Mobile se meut, où dans le Lieu où il est, ou dans celuy où il n'est pas. Dans le Lieu où il est, il ne se meut pas, car pour se mouvoir il faut qu'il en sorte. Dans le lieu où il n'est pas, il ne peut pas agir. Le Mouvement est donc une pure imagination une idée d'un homme qui rève & qui rassemble des contradictions.

Il est aisé de repondre; Un Mobile ne se meut pas dans un lieu où il reste fixe; Il ne se meut pas non plus dans un lieu où il n'est pas encore; Mais il quitte sans cesse la place où il est arrivé, pour passer à une autre. Designés

quel-

Cette verité que le mouvement eſt un état d'application ſucceſſive continuelle & dans laquelle il n'y a ni inſtant ni atome, ſert encore à reſoudre une difficulté contre la continuation du mouvement.

23.
Continuation du mouvement

Un mobile (a-t-on dit) ſe trouve à chaque inſtant dans une certaine place, préciſement égale à ſa maſſe, & comme chaque choſe eſt determinée à reſter dans l'état où elle ſe trouve, un mobile à chaque inſtant, eſt determiné à reſter où il eſt : Il faut donc qu'une nouvelle cauſe ſurvienne pour le chaſſer de cette place & l'obliger à la quitter.

Une quelque Mobile qu'il vous plaira, & quelque place que vous voudrés. Entre la fin du temps pendant le cours duquel le mobile eſt arrivé à cette place, & le commencement du temps pendant lequel il en ſort, il n'y a aucun intervale. Un Mobile d'un Pié Cube ne ſort pas tout entier d'un eſpace égal à luy pendant un temps indiviſible, il quitte cette place ſucceſſivement, le quart en eſt deja dehors quand les $\frac{3}{4}$ y ſont encor, A la fin d'un certain temps, il n'y eſt plus, il remplit un autre pié cube d'eſpace, mais entre la fin de ce premier temps & le commencement du ſecond, pendant lequel il ſortira ſucceſſivement de ce ſecond eſpace, il n'y a aucun intervale de temps.

Une des suppositions sur lequelles roule cette difficulté, n'est pas vraye, & l'autre sert à la lever. Le temps ne renferme point d'instant pendant lequel on puisse dire qu'un mobile occupe une certaine place déterminée : Quelque partie de temps qu'il vous plaise de choisir, pendant la durée de cette partie, un mobile change de place ; car son état est un état de changement continuel : Cette maniere d'être, cette activité est réelle : par conséquent un corps est determiné à la conserver ; & elle subsistera jusques à ce qu'une cause plus puissante la détruise. Quelque portion de temps que vous assigniés, le Mouvement est successif, & par consequent determiné à demeurer ce qu'il est, à continuer d'être successif.

Dans le temps qu'on atribuoit aux corps des especes d'inclinations, que l'on supposoit que le repos étoit leur état naturel, que le moindre mouvement leur faisoit violence, & que, quand des mobiles font le plus de fracas, & se lancent avec le plus de fureur, comme un boulet qui ren

D 5   verse

verse des murailles, & la foudre qui
brise tout, ils ne laissent pas de conserver pour l'état de repos, la plus
forte inclination & s'y rendent le
plûtôt qu'il leur est possible; Dans les
temps où l'on étoit assujetti à ces
préjugés, il ne faut pas s'étonner si
on étoit en peine de savoir d'où
vient qu'une pierre ne passoit pas du
mouvement au repos, dès qu'elle é-
toit renduë à elle-même, & qu'elle
se trouvoit hors de la main qui ve-
noit de la lancer? On repondoit qu'il
passoit de la main dans la pierre une
certaine impetuosité, qualité inhé-
rente pour quelque temps & capable
de tenir pendant ce temps-la contre
l'inclination naturelle de la pierre au
repos. On a senti les embarras de
cette hypothese dans le temps même
qu'elle avoit le plus d'autorité. D'où
vient disoit-on que cette impression
étrangere l'emporte sur une inclination naturelle? D'où vient que cette
impetuosité ne s'échape pas d'une
pierre avec la même facilité & la
même promtitude qu'elle y a passé?
D'où vient qu'elle a un temps determiné pour y rester, & que ce temps

eſt quelque fois plus court, quelque fois plus long? D'où vient que quand un corps ſe meut rapidement il faut lui oppoſer de ſi grands efforts pour le remettre dans l'état où il tend de lui-même? *Qu'eſt-ce que cette impétuoſité?* Dès qu'on la ſuppoſe différente du mouvement, on ne peut s'en former aucune idée; & ſi elle n'eſt autre choſe que le mouvement même, une pierre hors de la main qui l'a jettée continuë à ſe mouvoir, parce que la main en la jettant lui a donné du mouvement, & que cette maniere d'être ſubſiſte à la maniere des autres effets, qui n'ont pas beſoin que la cauſe qui les a fait naître continuë à agir pour les conſerver? Dés qu'ils exiſtent une fois, ils ſont par là même determinés à perſeverer dans leur exiſtence.

On a cherché dans l'air qui circule au tour de la pierre, & qui vient la prendre par derriere, on a, dis-je, cherché dans cette circulation, la cauſe de la continuation du mouvement. Mais puiſque l'air lui même a été mis en mouvement, par la même cauſe qui a lancé la pierre,

   d'où

d'où vient qu'il ne se met pas en repos dès que cette cause cesse de le pousser? On voit que dans une cuve les circulations de l'eau, autour d'une main qui la pousse, cessent d'abord après que la main qui les causoit a cessé de se mouvoir. Quelle vitesse ne seroit pas necessaire à l'air, & avec quelle rapidité ne faudroit-il pas qu'il circulât pour pousser la masse d'une pierre, dont la densité surpasse si prodigieusement la sienne? Outre cela, une queuë de plumes ou de cheveux attachée à un dard, se replieroit du côté de sa pointe par l'impulsion violente de l'air, à laquelle elle cederoit plus aisément que le dard.

Cette derniere remarque sert encore à refuter ceux qui atribuent la continuation du mouvement d'un mobile au ressort de l'air qui se debande contre lui, & le pousse en avant. Je n'ai pû assés m'étonner de voir le P. Deschales dans cette hypothese.

Les corps descendent avec plus de vitesse dans la machine du vuide quand l'air est pompé que quand elle

en

en est pleine, & une pierre ne s'e-
lance pas moins vigoureusement sur
les hautes montagnes, où l'air a beaucoup moins de ressort, que dans
le terrein le plus bas.

Et puis qu'est-ce que le *ressort*?
Si on en attribuë les effets à quelque
autre cause qu'au mouvement d'une
matiere qui agit sur un corps à ressort
& le retablit dans sa figure précedente, c'est une *qualité occulte*, & j'aime autant m'en tenir à *l'impetuosité
imprimée* ou á la *forme substantielle*, ou
plûtôt j'aime mieux demeurer dans le
silence.

L'air conserve-t-il sa mobilité &
son activité, par cela même qu'il l'a,
& parce que cette maniere d'être par
là même qu'elle est maniere d'être,
& par conséquent qu'elle existe, est
determinée à perseverer? Ou est-ce
à l'impression de quelque autre corps
que l'air doit la continuation de son
ressort & de son mouvement? Celui-ci tiendra-t-il encore d'un autre le
mouvement qu'il a & par l'efficace
duquel il agit sur l'air?

Plus vigoureusement une main
chargée d'une pierre auroit frapé l'air

anterieur, plus aussi elle en auroit
plié les parties & bandé les ressorts;
car c'est toûjours le premier effet des
impressions vives sur les corps à ressort. Je veux donc que cet air anterieur se fût reculé, & par là eut donné lieu au ressort de l'air posterieur
de se débander de lui même ; dès
que la pierre auroit fait quelque chemin, elle viendroit à rencontrer l'air
chassé, & dont les parties compri-
mées se débanderoient avec un effort
proportionné à celui qui les auroit
poussées, & par consequent elles re-
pousseroient la pierre en arriere, &
prévaudroient sur l'air qui la suit, &
dont le ressort s'est affoibli à mesure
qu'il s'est deploïé, & que ses parties
se font dilatées.

On a donc cherché dans l'obscurité de diverses conjectures, une cause qui est trés simple & qui se presente très naturellement. Le mouvement est une maniere d'être successive: Puisque c'est une maniere d'ê-
tre, par là même qu'il a commencé
d'exister, il est determiné à continuer & à continuer tel qu'il est, tel
qu'il a commencé: En commençant
d'ê-

d'être, il a été ſucceſſif; ſans cela il ne ſeroit pas mouvement. Il eſt donc determiné à continuer d'être, ſucceſſif.

Le mouvement étant un flux con-tininuel, une ſucceſſion non inter-rompuë, la différence d'un mouve-ment viſte d'avec un mouvement lent, ne peut pas venir de ce que l'un eſt interrompu par un plus grand nombre de *morules* de repos, ou par de plus longs intervales de ceſſati-ons.

24.
Viteſſe.

Faites tourner la ligne *AB* autour de ſon milieu *C*, en frapant ſon ex-tremité *B*, le point *A* fera préciſe-ment autant de chemin que le point *B*, & aura la même viteſſe. Tout ce qu'il y a ſur cette ligne de *B* en *C* & de *C* en *A* ſe mouvra en mê-me temps que les deux extremités de *A* & de *B*, & les points *D* & *E* ne demeureront pas ſans avancer aucu-nement, pendant que *B* avancera de *B* vers *F* ſur la circonférence *BFGA*. Pour petit que ſoit cet arc, le raion *CB*, qui l'aura decrit, aura changé de place, & parvenu en *F*, fera avec ſa poſition précedente, l'angle *BCF*,

Fig. III

&

& le point *H* se sera éloigné du point *D*, comme le point *K* du point *E*. On voit par là que la vitesse peut croître & diminuer à l'infini. En effet, comme nous l'avons déja remarqué, qui dit changement, qui dit succession, dit quelque chose qui ne peut être fixe. Dès qu'une application n'est pas sur les mêmes parties, elle peut toûjours devenir plus successive; un changement peut toûjours devenir plus grand & toûjours moindre aussi, par degrés, jusqu'à ce qu'il soit nul. Une vitesse plus grande c'est une application à un plus grand nombre de parties pendant le même temps; c'est une application plus successive, plus variée. Il n'y faut pas chercher autre chose.

Mais l'esprit humain n'aime pas ce qui est tant multiple: Il en est fatigué, & le même principe qui lui a fait suposer des atomes, où il bornât ses divisions & ses subdivisions, lui a fait encore imaginer des *Morules*, des intervales de repos, qui lui fournissent la commodité de concevoir toutes vitesses égales en elles-mêmes, tous les mouvemens également successifs. Voi-

Voici un exemple qui force de re-
conoître qu'un plus grand nombre
de parties égales peuvent être par-
courues dans un temps que dans un
autre, quoique ces deux temps soient
toûjours égaux & qu'il n'y ait assu-
rement point plus de molules dans
un de ces cas que dans l'autre.   Que
la surface *ao* coule le long de la sur- Fig. IV
face *ec* supposée d'abord en repos, &
qu'elle la parcoure dans deux minutes.   Après cela que la surface *ce* parcoure à son tour aussi dans deux minutes la surface *va* qui lui est égale &
qui demeure en repos.   Que ces
deux supositions soient suivies d'une
troisiéme.   Que le premier rectangle
se meuve de *u* en *b* avec la même vîtesse qu'auparavant, & le second de
c en *e* avec la même vîtesse encore.
Il est indubitable que dans une minute, le point *a* sera vis-à-vis de *f*,
cette *f* étant vis-à-vis de la moitié de
ec Dans une minute aussi le point *c*
sera vis-à-vis de *g*, & dans la ligne
fg; *c* sera donc vis-à-vis de *a*, & la
surface *ao* aura parcouru dans une
minute toute la surface *ec* avec la vîtesse précisément qui lui auroit fait

par-

parcourir la premiere fois la moitié de *ec*. Dans le premier cas, il n'y avoit point eu un plus grand nombre de morules, ni de plus longues que dans celui-ci, car les vîtesses n'ont point changé; cependant l'application a été plus successive, & une plus grande longueur a été parcouruë dans un des temps que dans l'autre.

M. Bayle, dont la fantaisie étoit d'établir le Pyrrhonisme & d'inspirer aux hommes de l'éloignement pour la Raison, allegue cet exemple (à l'article de Zenon) comme une preuve sans replique d'une incomprehensibilité, & un cas qui met à bout toutes nos lumieres. Il savoit bien que son Dictionnaire seroit lû par une infinité de gens qui ne seroient point faits à resoudre des Sophismes, qui même ne seroient point accoûtumés à reflechir, & qui loin d'avoir des principes solides sur les sciences, n'en auroient même aucune teinture. Il savoit bien qu'il n'y avoit qu'à ébloüir une partie de ses Lecteurs pour les amener où il lui plairoit. Mais pour trouver dans cet exemple une incomprehensibilité qui mette à bout

tou-

toute nôtre raison, il faut supposer
que nous sommes necessités à concevoir *une application sucressive* comme
quelque chose de *fixe* & de reglé sur
une *certaine mesure*. Il faut supposer outre cela que la Raison est à bout dès
qu'elle est obligée de convenir qu'un
effet qui resulte des impressions conjointes de deux causes d'égale force,
est double de ce qu'il seroit s'il n'étoit produit que par l'impression d'une seule. (g)

J'ai déja eu occasion de faire mention du temps en parlant du mouvement. La suite des matieres demandera encore qu'on y fasse plus d'attention. Il est donc important d'eclaircir ce terme & de s'en former
une juste idée. Cette idée même doit
entrer dans l'explication du mouvement, 25.
Temps

(g) *Dans le troisieme des cas qu'on vient
de rapporter il y a le double d'application
successive, qu'il n'y en avoit dans le premier,
où dans le second seul; parce que dans ce
troisieme cas, deux Corps en mouvement appliquent leurs surfaces successivement le long l'une de l'autre, au lieu que dans le premier, & dans le second, il n'y a qu'un corps en mouvement qui applique sa surface le long de la surface d'un Corps en repos.*

ment , elle appartient à sa nature, puisqu'une des propriétés essentielles du temps, c'est d'être la mesure du mouvement. Si l'on n'établit pas bien ces idées, on paroîtra même tourner dans ce qu'on appelle un *Cercle vitieux*, car d'un côté dés qu'il s'agira de comparer deux vitesses inégales, il faudra les rappeller à quelque uniformité, & faire attention aux longueurs qu'elles font parcourir dans des temps égaux, & d'un autre les temps égaux font ceux pendant lesquels des longueurs égales font parcouruës par des vitesses égales. Je reprendrai donc dès ses premiers principes, une matiere qui, comme on le voit, n'est pas sans obscurité.

Aucún Etre n'est different de son existence : Quand je tiens ma plume, je n'ay point deux choses dans la main , ma plume & son existence ; mais l'existence de ma plume, c'est ma plume même.

On a arrêté son attention sur divers objets : Quand on les a considerés comme des Etres, l'idée qu'on a formé pour s'en representer un à cet égard, a été la même dont on s'est

s'eſt ſervi quand on a penſé à un autre, en le conſidérant auſſi comme
un Etre. On s'eſt ſervi d'un nom
pour exprimer cette idée également
applicable à toute ſorte d'Etres; c'eſt
le nom *ſubſtantif*, mais *vague* & *ab-
ſtrait*, d'EXISTENCE.

Un corps qui demeureroit immobile & qui garderoit conſtamment ſa
groſſeur, ſa figure, tous ſes atributs
en un mot, & qui ne ſubiroit aucune variation quelle qu'elle fût, demeurant abſolument le même à tous
égards, auroit auſſi ſon exiſtence in-
variée, puiſque ſa propre exiſtence
ne peut pas differer de lui même.
Telle encore ſeroit l'exiſtence d'un E-
tre penſant, & qui ſe ſeroit conſtamment occupé de la même idée ou du
même ſentiment, ſans même que la
reflexion ſur la durée de ce ſentiment
aportât la moindre varieté dans ſa
maniere de penſer & d'exiſter.

On dit bien qu'un corps s'eſt re-
poſé pendant une heure, un jour,
une année; mais ce ſont là des *deno-
minations exterieures*. On exprime
ſon état & ſa maniere d'exiſter par
des noms qui, au lieu d'être tirés de
ce

ce qu'il renferme effectivement, font empruntés de ce qui fe paffe au dehors de lui, de ce qui eft tout different de lui & le laiffe tel qu'il eft. Ainfi que dans ce moment on me loüe ou l'on me blame, que je fois aprouvé ou defaprouvé, que je fois connu ou ignoré à cent lieües de moi, c'eft ce qui ne m'appartient en aucune façon, qui *n'affecte* point mon exiftence, qui ne modifie point ma maniere d'être, qui ne fait rien à ce que je fuis. Ce font des noms dont on me defigne, mais tirés de ce qui fe paffe chés les autres, & dont certainement on abufe quand, après les avoir joint au mien, on les regarde comme exprimant quelqu'un de mes attributs. Je fuis à la gauche d'un homme : Il fe leve & après avoir fait un demi tour, il me prefente la droite. Il ne m'eft furvenu aucun changement ; c'eft lui qui a changé fa place & fa fituation, & fi on dit en Latin comme on le peut dire fuivant l'ufage, que *ex finiftro factus fum dexter*, cette expreffion ne fera pas jufte, car elle paroîtra pofer en fait qu'il m'eft arrivé

quel-

quelque changement, & joindra à
mon nom des termes empruntés de
ce qui est arrivé à une autre per-
sonne.

Il n'y a donc que les corps à qui il
survient quelque changement, il n'y
a que les corps sur qui le mouvement
produit quelque effet, & par confequent il n'y a que les corps qui ont
eux-mêmes quelques mouvemens,
& qui par là éprouvent quelque variation dans leur maniere d'exister,
dont l'existence soit successive & porte à juste titre le nom de *Temps*. L'e-
xistence du mouvement dans un
corps, est donc l'existence du tems
dans ce corps; & le temps & le
mouvement d'un corps c'est la même chose.

On est tellement accoûtumé à regarder comme très juste des expressions établies par un long usage, &
qu'on a repeté mille & mille fois dés
son enfance, & on est tellement accoûtumé à dire également qu'un
corps a demeuré ou en mouvement,
ou en repos pendant une heure, un
jour, une année, qu'on ne peut s'empêcher d'être surpris quand on entend

tend dire que le temps n'eſt pas, à parler exactement, la meſure du repos comme il eſt celle du mouvement, & qu'on ſoupçonne d'abord quelque ſophiſme dans les argumens par leſquels on prouve que le mot de *Temps*, eſt un terme qui exprime une maniere d'exiſter qui n'eſt pas celle des corps en repos. Cependant qu'on repaſſe ſur ces preuves; leur évidence en fera ſurmonter ce que le prejugé contraire à la concluſion y oppoſe d'abord.

Chaque quantité eſt la meſure préciſe de ſoi-même; & par là chaque mouvement eſt ſa meſure à lui-même, ſa ſucceſſion eſt préciſement telle qu'elle eſt : Mais quand il s'agit de comparer des quantités, pour en connoître au juſte le rapport, on leur cherche une meſure commune du même genre. Pour comparer deux mouvemens & établir leur rapport, il faut donc en chercher un qui ait ce qu'il faut pour être leur meſure commune. Et comme on peut comprendre que la meſure commune de deux étenduës doit être une étenduë qui ſe trouve préciſemene un certain
nom-

nombre de fois dans l'une, & un certain nombre de fois dans l'autre, sans savoir pour cela comment il faut s'y prendre pour trouver une telle mesure, on peut de même comprendre quel doit être un mouvement pour servir à la mesure des autres, sans savoir par où on s'assurera qu'un mouvement a les conditions qu'on demande.

On comprend qu'un mouvement seroit propre à mesurer les autres, quand il seroit uniforme, & sans avoir besoin de faire attention au temps, on conçoit qu'un mouvement meriteroit le nom d'uniforme, quand il seroit toujours également successif, quand l'application successive dans laquelle il consisteroit n'iroit jamais ni en croissant ni en diminuant; mais par où s'assurer qu'on a un tel mouvement?

On est aisément venu à croire que les mouvemens des astres & surtout celui du Soleil, se faisoient avec cette regularité; la supposition étoit commode, & on n'y remarquoit pas d'erreur. Cependant on s'est convaincu du contraire, & il a fallu s'as-

surer

furer de quelques autres mouvemens
pour fervir de regle univerfelle. La
raifon même les a fait trouver. On
a obfervé (& on en a découvert les
raifons) que de certains pendules
quand ils étoient d'égale longueur
& qu'ils partoient enfemble, ache-
voient & recommençoient enfemble
toutes leurs vibrations, fans que
l'un devançât l'autre de quoi que ce
foit.

Mais comme ces vibrations n'é-
toient pas toutes d'égale longueur,
& que les arcs décrits par ces pendules alloient en diminuant, on a at-
tendu d'en lâcher un qu'un autre eût
fait un certain nombre de vibrations,
50 par exemple; & alors quoique le
fecond dans chaque vibration, décri-
vît des arcs plus longs que les arcs
décrits par les vibrations de l'autre,
ces vibrations ne laiffoient pas de re-
commencer & de finir toûjours enfemble.

Ces experiences foûtenuës par des
demonftrations, ont parû mettre en
droit de regarder la regularité de ces
mouvemens comme propre à en faire
la mefure des autres; car quoi qu'ils
ne

ne foient pas uniformes à tous égards,
& que l'aplication fucceffive varie
dans les differentes portions des mêmes arcs, cependant il y refte toûjours une uniformité fuffifante. Ces
vibrations qui recommencent toûjours & finiffent toûjours enfemble,
ont à cet égard une uniformité qui
prouve que les petites durent précifément autant que les grandes, &
préfentent dans cette égalité de du-
rées quelque chofe d'affes fixe, pour
en faire des mefures juftes & certaines. Un mobile dont l'application
feroit toûjours également fucceffive,
ne fourniroit rien de plus commode
dans les efpaces égaux qu'il parcourroit également; & des vibrations d'égale durée font équivalentes
pour l'ufage à des mouvemens uniformes en tout fens. On a donc là
des mouvemens, on a des temps
dont les fommes font égales.

De la communication du Mouvement.

26.
Etat de Questi-on.
ON a vû qu'un corps en mouvement qui en rencontroit un autre en repos, le pouſſoit devant lui: De là on a aiſément conclu que le premier donnoit du mouvement au ſecond. En même temps on a remarqué que le premier alloit moins vîte & avançoit moins qu'auparavant, & de là on a encore conclu avec la même facilité, qu'il avoit perdu de ſon mouvement. De ces deux conſequences on en a tiré une troiſiéme, c'eſt que le corps frapant avoit donné au corps frapé une partie de ſon mouvement, & s'étoit conſervé l'autre. Mais ces trois concluſions ſi vîte tirées donnent lieu à une très grande difficulté, la troiſiéme ſurtout. Le mouvement n'eſt autre choſe qu'un état du mobile, une maniere d'être du corps qui ſe meut ; ou ſi vous voulés, le mouvement d'un corps eſt ce corps même exiſtant d'une

d'une certaine façon, & appliquant
succeſſivement ſa ſurface. Or comment
la maniere d'être d'une portion d'é-
tenduë, peut-elle devenir la maniere
d'être d'une autre portion ? C'eſt
comme ſi on diſoit qu'un morceau
d'étenduë exiſtant d'une certaine façon, devient un autre morceau exiſtant d'une façon ſemblable.

Eſſaïons ſi la premiere naiſſance du
mouvement ne nous pourroit point
donner quelque lumiere là deſſus.
Quand la ſuprême Intelligence a voulu
qu'une certaine portion d'étenduë fut
en mouvement, infiniment ſage & infiniment d'accord avec elle, il ne ſe
peut qu'elle n'ait voulu en même
temps, tout ce ſans quoi ce mouvement ne pouvoit ſe faire. Par conſé-
quent elle a voulu que les corps rencontrés par le mobile lui fiſſent place
& avançaſſent pour le laiſſer avancer.
Cette volonté a eu neceſſairement
ſon effet, & comme il a voulu que
le mouvement continuât dans l'Univers, il a voulu par conſequent que
le déplacement, ou le mouvement
des corps rencontrés & choqués par
ceux qui en auroient continuât à ſe

27.
Pre-
miere
hypo-
theſe.

E 3

faire

faire dans toute la suite des temps.
Sa volonté toute puissante est exe-
cutée, & cela arrive comme il l'a
ordonné.

Mais si un mobile après avoir frapé
le corps qu'il rencontre, continuoit
à se mouvoir avec autant de vîtesse
qu'aparavant, celui qu'il pousseroit
avant lui avanceroit aussi vîte que lui
pour lui faire chemin; le mouvement
doubleroit donc dès le premier choc:
Ces deux masses en pousseroient une
troisiémé égale à leur somme, & le
mouvement deviendroit quadruple;
de sorte que si cela avoit eû lieu,
une certaine doze de mouvement,
que la sagesse du Créateur avoit trouvé à propos d'établir dans l'Univers,
pour en faire la beauté, seroit par-
venuë dans peu de momens aux plus
grands excès, & auroit tout déran-
gé. Voila pourquoi la Sagesse supré-
me qui vouloit que l'Univers subsistât dans l'état où elle l'avoit d'abord
mis, a trouvé à propos qu'un corps
qui en rencontre un autre, & qui
est cause du mouvement où il se
met, en perdît autant que l'autre en
reçoit de nouveau. *Il a fallu que la*
ma-

maniere d'être du premier devint d'autant moins succeſſive que celle du second le devient plus. A proprement parler, il ne ſe fait pas un partage; mais les mêmes effets arrivent, que ſi le mouvement étoit une ſubſtance qui ſe partageât proportionellement. C'eſt ce qui a donné lieu à des expreſſions tellement établies par l'uſage qu'il n'y a pas moïen de les quitter: Elles ſont moins juſtes, mais elles ſont plus commodes que des circonlocutions continuelles, & quand on les a une fois expliquées, il n'eſt plus à craindre qu'elles jettent dans l'erreur.

On ne ſe formeroit pas des idées juſtes de ce ſyſtême, ſi l'on concevoit l'Etre ſuprême continuellement attentif à tous les chocs, pour créer une certaine quantité de mouvement dans le frapant, ou pour faire que le corps frapé exiſtât en appliquant ſucceſſivement ſa ſurface dans un certain degré, & que le frapant appliquât la ſienne moins ſucceſſivement qu'il ne faiſoit, preciſément dans le même degré: Mais il ſuffit de concevoir qu'en faiſant naître le premier mouvement il a voulu que les choſes allaſſent ainſi,

                              &

& il l'a voulu pour toûjours. Cette volonté ne s'est pas évanoüie ; elle est permanente en lui, & elle est constamment suivie des effets qu'elle a ordonné.

Ce sera dans la suite qu'on aura lieu d'examiner si les chocs des corps à ressort font exception à cette loi, ou si en remontant aux secrettes & premieres causes des effets du ressort, les chocs qu'il modifie se trouvent assujettis à la loi commune, non à la verité dans ce qui se presente aux sens, mais dans ce qui leur échape.

28.
Si elle est une suite de la constance de Dieu.

Pour donner plus de poids à ces loix du mouvement établies par la Sagesse suprême pour toute la suite des temps, & pour mettre dans une plus grande necessité de les reconnoître, on a pretendu qu'elles étoient des suites de la constance essentielle à Dieu. Je doute de la force de ce raisonnement. Dieu est un Etre libre & toûjours très bon & très sage : Il a établi une très grande varieté dans les ouvrages de la Nature, & dans ceux de la Grace. Nous n'avons pas des idées assés exactes, assés com-

complettes , affés determinées des
Perfections divines pour nous hazar-
der d'en tirer des conſequences determinées. Peut-être même que les
impreſſions cauſées par les chocs, &
les ébranlemens qui en ſont les effets,
ſeroint toûjours les mêmes, encore
que la quantité abſolue de mouvement changeât dans l'Univers, pourvû que la même quantité relative y
ſubſiſtât. Un corps par exemple,
qui s'avance avec deux degrés de
mouvement, reçoit la même impreſſion & un choc de la même force
d'un corps égal qui le ſuit & l'atteint
avec ſix, qu'il en recevroit s'il étoit
en repos, & que ce même corps le
frapât avec quatre.

Cette expreſſion, Une partie du
mouvement du corps frapant, paſſe
dans le corps frapé, ſignifie dans cette hypotheſe ; Quand le Createur du
mouvement auſſi bien que de toutes
choſes, l'a fait naître, il a voulu
que les corps rencontrés par ceux
qu'il avoit mis en mouvement, s'y
miſſent auſſi, & qu'autant que ceux-
ci prendroient de mouvement nouveau, autant ceux qui les fraperoient

29.
Reca-
pitula-
tion de
la pre-
miere
hypo-
theſe.

E 5

en

en perdiffent de celui qu'ils avoient,
Cette volonté à eu d'abord fon effet,
& comme elle fubfifte , fon efficace
continuë auffi, & on continuë à voir
l'execution de cette volonté. C'eft
la *veritable* caufe des mouvemens qui
naiffent de nouveau, dont le choc
des mobiles eft fimplement *l'occafion.*

30.
Secon-
de hy-
pothefe
    Mais il fe peut qu'on n'eût pas
befoin de recourir à la toute-puiffance de l'Etre fouverain, pour y chercher la caufe veritable & immediate
de tous les mouvemens nouveaux qui
fe produifent, & de tout ce qui s'en
detruit. Il fe peut que les choes
qu'on regarde dans cette hypothefe
uniquement comme des occafions &
des *caufes aparentes,* foient eux-mêmes des *caufes veritables* & réelles.

    Qui dit mouvement, dit l'état
d'un corps qui change de place. Cet
état eft réel ; le mobile exifte veritablement avec cette maniere d'être.
A la verité l'étenduë a reçu d'ailleurs
le mouvement qui fe trouve en elle ;
elle l'a reçû de la premiere caufe : C'eft
l'Etre fouverain qui a produit dans l'é-
tenduë les premiers changemens de fituation ; mais comme l'étenduë elle-
même n'en eft pas moins étenduë, n'eft

pas moins être effectif & véritable, parce qu'elle tire son existence d'une cause differente d'elle, cette cause toute puissante & toute réelle ne s'étant pas deploïée pour faire des riens, mais pour produire des choses & faire naître des effets réels; le mouvement de même, qui est un effet de cette étenduë, ne laisse pas dès qu'il a été formé d'être un état réel, pour avoir reçû son existence d'une cause exterieure & differente de lui.

Le mouvement est donc un état réel du corps, il y existe, il est en lui, ou plûtôt c'est le corps même existant d'une certaine façon. Un corps qui se meut change réellement de place. Or qui dit un corps qui *change de place*, dit un corps qui *déplace* ce qui s'oppose à son passage: Et qui dit un corps qui *change réellement de place*, dit un corps qui *déplace réellement* ceux qu'il rencontre, & qui par consequent les met en mouvement. Il implique contradiction qu'un corps change de place, sans déplacer ceux qu'il rencontre. Il implique donc contradiction qu'un corps soit en mouvement sans y mettre ceux qu'il frape : Or c'eft là le *caractere effentiel d'une veritable caufe*, quand il implique contradiction qu'elle agiffe & que l'effet ne naiffe pas de fon action. Changer de place eft un *état actif* ; l'effet neceffaire de cet état actif, eft de faire auffi changer de place à ce qu'il rencontre & à ce qu'il déplace.

La fouveraine Sageffe a vû cela en créant le mouvement. En lui donnant l'exiftence, il lui a donné tout ce qui étoit neceffaire pour exifter, & la force de déplacer l'étoit. Le mouvement a donc reçû cette force ; il l'a reçûe en recevant fon exiftence, & cette *force*, à le bien prendre, n'eft pas differente de lui-même. Changer de place & déplacer, c'eft le même état confideré fous deux diverfes relations.

Le corps rencontrant & le corps rencontré s'uniffent en une feule maffe ; car chaque corps eft compofé d'une infinité de fubftances, dont chacune a fon exiftence à part ; mais ces fubftances compofent *un feul tout* par le *contact* & par le *repos* où elles font l'une à l'égard de l'aul'autre.   Le corps frapant touche le frapé, & il faut qu'ils avancent d'un pas égal, au moins dans le moment du choc, afin que le premier continuë à se mouvoir.   Les voilà donc qu'ils forment une seule masse : Ce nouveau tout existe en appliquant successivement sa surface à ce qui l'environne.   Quelle est la cause de cette application successive commune à toute cette masse ? C'est l'application successive de celle des deux parties qui a poussé l'autre.   Un effet ne sauroit être plus grand que sa cause. Il n'y aura donc pas plus d'application successive dans le nouveau tout, qu'il n'y en avoit dans celle de ses parties qui en est la cause.   Le nouveau tout ne parcourra pas un plus grand espace que celui que parcouroit l'une de ses parties dans un temps égal, avant qu'elle se fût unie à l'autre.

Pour avoir la longueur du premier espace parcouru, je diviserois cet espace par sa baze, le poids du mobile. Pour avoir la longueur du second espace, je le diviserai de même par la nouvelle masse ; & comme le di-

viseur

viſeur croîtra, le quotient diminuera dans la même proportion. C'eſt ce qui fait dire que la vîteſſe du mouvement eſt diminuée par le choc & par l'union du frapant & du frapé, & qu'autant que celui-ci devient un corps s'appliquant plus ſucceſſivement qu'il ne faiſoit, autant celui-là s'applique moins ſucceſſivement. (h)

Pour

(h) *Ce ralentiſſement de Viteſſe & de Force, dans le Mobile frapant, a donné lieu de ſuppoſer une* REACTION *dans le frappé, c'eſt à dire une action reciproque, par laquelle le frappé, agit ſur le frappant, autant que celuy ci agit ſur luy. Il luy donne autant, pour ainſi dire de ſon repos, qu'il en reçoit de mouvement. Le frapé oppoſe au frapant une reſiſtance proportionée à ſa Maſſe, & par ce moyen il ſe détruit dans le frapant autant de mouvement qu'il s'en produit dans le frappé.*

Je reconois que le même effet arrive que ſi une telle Réaction avoit lieu & le produiſoit. On peut donc la ſuppoſer, pour la facilité des calculs, ſi on trouve qu'elle les rend plus aiſés; Mais qu'il me ſoit permis de dire que je ne la ſuppoſerai qu'avec cette reſerve. Ou une REACTION *agit d'une telle maniére, ou quelque autre cauſe produit l'effet qu'on impute à une Réaction. La maniere dont je viens d'expliquer la naiſſance du Mouvement dans*

Pour déterminer tout cela plus exactement, on cherche une mesure commune aux deux masses. Si celle qui étoit en repos, pesoit, par exemple, une livre & $\frac{1}{4}$ & celle qui la pousse deux livres & $\frac{3}{8}$ une huitiéme de livre sera la mesure commune des masses, & leur rapport sera celui de $\frac{14}{8}$ à $\frac{19}{8}$, ou de 14 à 19.

Si cette derniere parcouroit 6 toises dans une minute, chacune de ses huitiémes parties parcourroit aussi la longueur de 6 toises : Multipliés donc cette longueur par 19. vous aurés la somme des espaces parcourus par ce mobile, ou la quantité de son mouve-

dans le Mobile frappé & sa diminution dans le frappant, me paroit simple & intelligible; mais j'avoue qu'il n'en est pas de même de la Réaction, & que je n'ay pas sçû m'en former d'idée. Je comprens seulement qu'à force de la supposer, & de tirer de cette supposition des consequences que l'experience ne dément pas, on se rend enfin ce terme si familier, qu'on ne pense plus à douter de l'existence du je ne sçay quoi qu'il suppose, & on s'etonne que d'autres en puissent douter.

Voyés l'Eclaircissement iii
Sur la Réaction.

vement qui s'exprime par $19 \times 6 = 114$, & chaque unité sera une portion, savoir $\frac{1}{114}$ de cette quantité. Ces portions ont reçû le nom de degrés, parce que le mouvement peut croître & diminuer par degrés.

La nouvelle masse composée de $\frac{33}{8}$ de livre deviendra la baze d'un espace exprimé par 114, & en divisant ce nombre par 33, on aura dans le quotient $3 + \frac{15}{33} = \frac{38}{11}$ pour la longueur de l'espace parcouru. Cette longueur étoit premierement de $6 = \frac{66}{11}$. Elle sera donc diminuée dans le rapport de $\frac{66}{38} = \frac{33}{19}$, c'est à dire, dans le rapport de la nouvelle masse à la premiere. Chaque partie du premier mobile ne parcourra plus que $\frac{38}{11}$ de toise. Cela fait $\frac{38}{11} \times 19 = \frac{722}{11}$. Auparavant c'étoit $\frac{1254}{11} = 114$. La diminution suit encore le rapport de $\frac{33}{19}$.

Chaque partie du corps rencontré decrit $\frac{38}{11}$. Cela fait en tout $\frac{532}{11}$ qui ajoûtés à $\frac{722}{11}$ quantité de mouvement qui reste au frapant, font $\frac{1254}{11} = 114$. C'est-à dire qu'après le choc, si l'on somme le mouvement de la partie frapante & de la partie frapée, on aura la même quantité de mouvement, ou le même nombre de degrés qu'avant le choc.

Ce sont là les suites necessaires de ces trois verités. 1°. Que le mouvement déplace. 2°. Que du mobile frapant & du corps rencontré il se fait une seule masse. 3°. Que cette nouvelle masse ou ce nouveau tout est dans un état d'aplication successive aussi grande, c'est à dire aussi successive precisément qu'étoit celle du mobile frapant.

Je vois bien des gens prévenus de la pensée qu'un Etre créé ne sauroit rien produire, ou être la cause réelle de quoi que ce soit; car, disent-ils, pour produire il faut que ce qui n'existoit pas vienne à exister; & de l'un de ces termes à l'autre il y a une distance infinie : Or franchir cette distance, & par consequent produire un changement infini, c'est ce qui passe les forces d'un Etre créé, qui par là même est un Etre fini.

Mais ce sont là de ces subtilités Metaphysiques qui éblouïssent & qui jet-

32.
Si le mouvement peut être cause veritable & s'il est essentiel à une creature de n'avoir pas de force réelle.

jettent aifément dans l'erreur, parce qu'elles font exprimées dans des termes vagues, & très véquivoques.

Les termes aufquels on prépofoit une negation avoient reçû dans l'école le nom de *termes infinis*. *Non métal : Non animal*. En parlant ainfi, j'éloigne à l'infini les fujets dont je fais mention. Ici, par exemple, tout ce qui peut être métal, tout ce qui peut être animal. Delà on a conclu que quand on dit *mouvement*, *non mouvement*, il y a une diftance infinie de l'un de ces termes à l'autre. Mais tout ce qui n'eft pas métal, tout ce qui n'eft pas animal, eft-il infiniment éloigné de l'être ? Un noyau de cerife n'eft pas un cerifier, c'eft un *non cerifier* ; mais il n'eft pas infiniment éloigné d'être cerifier, il a une aptitude à le devenir, qui ne fe trouve pas dans le noyau d'un autre fruit, & dont d'autres femences font encore plus éloignées. L'eau, le fel, le fouphre ne font pas des arbres, mais ces parties fervent réellement à les nourrir, & en les nourriffant elles deviennent arbres.

En general une chofe qui exifte,
n eft

n'eſt éloignée du neant, ou n'eſt differente du rien, qu'en vertu de ce
qu'elle poſſede de réel; elle n'en eſt
differente qu'autant qu'elle eſt réelle.
Or toute réalité créée eſt finie. Donc
aucune creature n'eſt infiniment differente du neant.   Cet éloignement
infini eſt le caractere propre de l'Etre
éternel & neceſſaire. Produire du
mouvement, ce n'eſt donc pas produire un changement, & par conſequent un effet infini, puiſque le mouvement eſt une réalité finie, laquelle
même ne differe pas autant du neant,
& n'a pas autant de réalité que la
ſubſtance.

L'idée de la production d'une *Sub-
ſtance*, n'eſt pas à beaucoup près ſi
facile à former que l'idée de la production d'un *Mode*; nous avons de la
peine à y venir. Mais celle d'un *Mode* ſe preſente d'abord, parce que
c'eſt l'idée d'un effet qui eſt en nôtre
puiſſance, car enfin j'introduis dans
un morceau de cire tant de figures
qu'il me plaît, non ſimplement parce qu'en retranchant de certaines pieces, je laiſſe paroître des figures qu'elles envelopoient & qu'elles couvro-
ient,

ient, mais en y en faisant naître qui n'y etoient point : Par exemple, quand de ronde qu'elle étoit je l'aplatis, & que d'un cube j'en fais une pyramide, &c. Mais je n'ai pas reçû le pouvoir de produire des substances : pouvoir qui nous auroit été inutile, puisque si tout est plein, nous n'aurions pû les placer nulle part, & au cas du vuide, si les corps qui nous environnent ont le degré de densité qui leur convient, & qui convient à l'Univers, de nouvelles substances en augmentant cette densité, n'auroient fait que du dérangement.

Mais cette puissance que nous n'avons pas, il est très facile de nous convaincre que Dieu l'a; car il implique contradiction que la volonté de l'Etre infini ne soit infinement réelle, & par conséquent infiniment efficace; car la force est toûjours proportionée à la réalité, puisque la force d'un Etre, c'est cet Etre même agissant ou en état d'agir.

33.
Deux principes secrets d'erreur

On est venu à dépoüiller les creatures de toute activité par deux motifs bien differens, les uns avec la meilleure intention du monde, les

au-

autres avec la plus mauvaise. Les uns ont été ravis de trouver dans le néant des creatures, & dans leur extrême & absoluë foiblesse, une verité des plus efficaces, pour engager les hommes à ne craindre & à n'aimer que Dieu, seule cause immediate de tout ce qui peut nous causer du plaisir ou de la douleur. Les autres ont été ravis d'y trouver une raison pour s'afranchir de toute contrainte, de tout reproche, de toute loi, en se considerant comme des Etres sans activité, uniquement passifs & entraînés par une suite infinie de mouvemens, tous necessaires, ausquels ils n'ont d'autre part que celle de les recevoir & de les sentir.

Plus les premiers ont de pieté, plus ils doivent craindre d'affermir les autres dans des principes, dont les suites naturelles vont si droit au renversement de toute Vertu & de toute Religion; & cela même doit rendre ces principes extrêmement suspects, & même si ces consequences en sont bien tirées, il n'en faut pas davantage pour en conclure qu'ils sont faux.

34.
Inconveniens du sistême des causes occasionelles.

Si nous n'avons point d'activité réelle, si nous ne sommes actifs qu'en apparence, nous n'avons point non plus de liberté réelle ; nous sommes libres en apparence, mais necessités en effet ; & ce sentiment intime de nôtre liberté, qui n'est pas moins vif, ni moins clair, quand nous voulons nous y rendre attentifs, que celui de nôtre existence, que celui de nôtre pensée, n'est qu'un sentiment illusoire. Si nous sentons que nous sommes libres sans l'être, pourquoi ne sentirions nous pas que nous pensons sans penser ? La plus parfaite certitude se reduit à une certitude de sentiment ; ébranlés-la, prouvés qu'elle est trompeuse par un seul exemple, il n'y en aura plus. Voilà le genre humain reduit au plus outré Pyrrhonisme.

Toute la Morale, toutes les idées de Vertu & de Vice, tout ce sistême si bien lié & fondé sur des principes si simples, si clairs, ne sera qu'un entassement de chimeres ; car s'il n'y a *point de liberté*, il n'y a point de devoir, point de Loi, point de Morale, ou s'il y en a, ce n'est qu'une *Morale chimerique.* Ces

Ces chimeres auront été jusqu'ici, dans l'esprit de bien des hommes, des principes Physiques qui les auront déterminés à une infinité d'actions très utiles au genre humain, & qui les auront détournés d'une infinité d'autres qui lui auroient été très pernicieuses, quoique souvent avantageuses à leurs auteurs. Telles sont les obligations que l'on a à l'erreur: Mais la connoissance de la verité va faire changer de face à la conduite des hommes, & la mettre sur un tout autre pié. La connoissance de la verité est un principe Physique, qui mene tout naturellement & tout droit à la licence.

Mais pourquoi parler de verité? En est-il quelqu'une dans ce système, & en peut on avoir un caractere assuré? Si vous dites qu'il y a une évidence qui force à croire & qui exclud le doute, quiconque croit quelque proposition que ce soit, n'est-il pas également forcé à la croire? Et dans tout ce que les Hommes font, & dans tout ce qu'ils pensent, ne sont-ils pas soumis à la necessité?

Il faut, si ce système est reçû, changer entierement les idées qu'on

a eu

a eu jusqu'ici sur l'Etre souverain : *De l'amour de l'ordre* il ne faut plus lui en attribuer, puisqu'il est également l'Auteur de l'ordre & du desordre, à moins qu'on ne veüille anéantir toute difference entre le bien & le mal, & traiter d'illusions & de sophismes tout ce qu'on a dit là dessus. *Sagesse, Sainteté, Justice, Misericorde,* ce sont là des noms qui ne signifient plus rien appliqués à la cause suprême & universelle de tout. L'Univers est composé d'Automates, qui paroissent agir & n'agissent point. L'idée de l'Etre suprême se reduit à celle d'un Etre necessité à les mouvoir.

Quand on entreprend de loüer la plûpart des hommes, comme on ne trouve dans leurs qualités réelles que peu de matiere à éloge, on se reduit à tirer leur gloire de la comparaison qu'on fait d'eux avec d'autres que l'on prend soin de rabaisser. Cette méthode dont on s'est fait une longue habitude, on la suit quand il s'agit de loüer l'Etre souverain, comme s'il ne tiroit sa grandeur & sa gloire que de nôtre petitesse & de nôtre abaissement, & que pour exalter l'un, il fal-

fallût abaisser l'autre. Cette methode
est indigne du grand objet qu'on se
propose de loüer, & il me semble qu'il
faudroit faire tout le contraire.   Si
la connoissance d'un ouvrage éleve
naturellement à celle de son Auteur,
plus nous trouverons de grandeur &
de réalité dans ceux de Dieu, plus aussi
nous aurons une grande idée de sa réalité & de sa puissance. N'étoit-il pas plus
digne d'elle de se déploïer pour produire des choses réelles, que pour donner
simplement naissance à des riens & à
des aparences d'Etres, pour produire
des causes & des forces réelles, que pour
faire naître de simples aparences de
causes & de forces?

Dieu a voulu se représenter dans
ses ouvrages: L'existence des créatures est une image de la sienne; leur
activité une représentation de son
activité; & comme une existence
réelle est plus propre à représenter
celle de Dieu, & en offre à ses yeux
une image beaucoup plus juste; une
activité veritable represente aussi celle
de Dieu, tout autrement que ne feroit une activité qui ne seroit qu'une
aparence & un rien dans le fonds.

F   dif-

L'existence des creatures est réelle & differente de celle de Dieu, de qui elles la tiennent; Leur force de même est réelle, & elle est réellement une force distincte de la puissance divine d'où elle vient.

On dit là dessus, un Etre créé n'a de force que ce que la volonté divine lui en a donné. Donc cette volonté est la cause de sa force: Elle est même, ajoûte-t-on, cause qu'elle subsiste; car la volonté de Dieu ayant créé cette force, de plus a voulu qu'elle subsistât; si elle subsiste c'est donc à cette volonté qu'elle en est redevable. Je tombe d'acord de tout cela; mais quand on ajoûte, c'est donc, à proprement parler, la volonté de Dieu qui est cause de tous les effets de cette force créée, & pour elle elle n'en est que la simple occasion: Je ne vois pas la necessité de cette consequence, & ce qu'elle a de vrai est mêlé d'équivoque. C'est à la volonté de Dieu qu'il faut raporter tous les effets qui paroissent dans l'Univers, comme à leur premiere cause, puisque cette volonté toute puissante est la source qui a donné l'Etre à toutes les causes & à

tout ce qui produit quelque effet.
Mais si c'est la premiere cause, c'est
l'unique.   La consequence n'est pas
juste : Elle n'est pas cause de rien,
elle n'a pas produit de simples apparences ; & les forces, les causes ausquelles elle a donné l'Etre, font des
forces réelles & des causes veritables,
qui agissent & qui produisent leur
effet.   De Dieu elles ont reçû leur
existence & leur pouvoir d'agir ; mais
comme elles sont effectivement, elles
peuvent réellement.   Elles existent
veritablement, & agissent de même.

S'il y avoit quelques Etres éternels, à la naissance & à la conserva-
tion desquels Dieu n'eût eu aucune
part ; afin qu'ils ne laissassent pas de
sentir l'élevation de Dieu par dessus
eux, & pour les amener à lui donner gloire, & à s'abaisser sous lui,
je m'étudierois à découvrir tout ce
qu'il y auroit d'imperfection en eux,
pour y arrêter leur attention. Mais
pour sentir l'élevation de Dieu nôtre
Createur au dessus de nous, il n'est pas
necessaire de fixer nos regards sur nos
imperfections, & de faire attention
à ce qui nous manque, au contraire

                    l'efl'effet naturel de tous les avantages qui font en nous, c'eft de s'humilier fous la main puiffante de qui nous les avons reçûs. Plus je trouve que je fuis, plus je vois ce qu'il peut, puifque je ne fuis que ce qu'il me fait: Plus il m'a donné, plus je lui dois d'amour, de dévoüement & d'actions de graces : Plus il m'a donné, plus il peut m'ôter, & par là je le dois plus craindre : Plus il m'a donné, plus il a de droit fur moi, & par là je fuis dans une plus grande obligation de lui obéir.

Si j'étois immobile, & que la Toute-puiffance divine & fon infinie bonté, fît avancer des viandes jufques près de ma bouche, l'ouvrît, les fît defcendre dans mon eftomach, les transformât en chyle par fon action immediate, & les fît couler dans mes veines; en un mot fi tout ce que je viens de dire, & toutes les fuites que j'en éprouverois, étoient tout autant de miracles, je reconnois que j'aurois de très grandes obligations à mon Createur; mais ne lui devrois-je pas encore davantage, & mes obligations ne deviendroient-elles pas
in-

incomparablement plus grandes, s'il
me faiſoit réellement preſent de la
force de m'avancer vers les alimens
de les choiſir, de les préparer, de
m'en nourrir? & n'aurois-je pas en
ce cas incomparablement plus de tort
ſi je l'oubliois & ſi je me bornois à
m'aplaudir à la vûë de mes forces,
ſans m'élever en actions de graces à
la Puiſſance éternelle qui m'auroit
fait ſi heureux & ſi grand à mes propres yeux? (i)

F 3

Il

(i) *On ſe laiſſe quelquefois aller à des Reflexions tres déraiſonables & tres dangereuſes, à
force d'enlever à l'homme ce que Dieu luy a donné, en vuë de rendre ſon Createur plus admirable. Il n'eſt pas tout à fait rare d'entendre
dire que la Nature eſt un Enigme d'une obſcurité inpenetrable pour les hommes, & que
Dieu leur en a caché la conoiſſance afin d'eſtre
le* SEUL ADMIRABLE. *Extravagance
ſi jamais il en fut!*

*Suppoſons une Intelligence qui demande hum-
blement à Dieu de l'éclairer dans la conoiſſance
de ſes ouvrages. Dieu luy diroit-il.* Je n'en
ay garde Je veux eſtre admiré *&* eſtre le
Seul admirable; *& c'eſt préciſément pour s'é-
lever à une Admiration plus pure, plus grande, plus digne de luy, qu'on ſouhaitte de con-
oitre & d'admirer ſes œuvres. Il eſt des hommes*

Il eſt donc clair, ce me ſemble, que le ſyſtême des cauſes occaſionnelles n'eſt par ſi neceſſaire pour relever la grandeur de Dieu par deſſus ſes creatures, que ſes partiſans le prétendent. Il pouroit même avoir un effet tout opoſé à leurs intentions, & ſi les preuves que je viens d'avancer ſont bonnes, le ſyſtême contraire eſt plus glorieux à l'Auteur de l'Univers. S'il eſt vrai, dis-je, qu'il faille chercher dans la nature même

du

mes qui aiment à ébloüir les autres par des tours d'adreſſe, & à s'en faire admirer par quelques ſecrets, qu'ils ont raiſon de cacher, car dès qu'on conoit la petiteſſe de l'Art, on a honte d'en avoir admiré les effets. Il y auroit de l'Impieté à penſer le moins du monde, de cette maniere ſur les Ouvrages de Dieu; S'il en eſt qui ſe ſentent trop pareſſeux ou trop ſtupides pour ſe promettre de faire des progres dans cette conoiſſance, au moins qu'ils ne faſcent pas d'injuſtes efforts pour en detourner les autres. Quand on void des gens qui s'imaginent de dire des merveilles, quand ils debitent ces ſottiſes, on a honte pour eux, & peu s'en faut qu'on n'ait honte, d'etre homme, quand on en void de ſi eloignes du bon ſens, & on ne peut s'empêcher de penſer au temps qu'Eſope ſuppoſe dans ſes Fables, temps auquel les Bêtes parloient.

du mouvement & dans une de ses
propriétés essentielles, la cause de ce
qu'on appelle communication du
mouvement, la cause réelle en vertu
de laquelle un corps qui en frape un
autre le fait avancer, & en vertu de
laquelle le frapant & le frapé ensem-
ble parcourent un espace précisément
de la capacité de celui qu'auroit parcouru dans le même temps le frapant
tout seul; on doit se savoir bon gré
de cette découverte, & elle est à la
gloire du Createur. C'est de lui que
le mouvement a reçû cette force,
comme il a reçû de lui d'être mouvement. Il a voulu qu'il y eût de
l'étenduë : L'étenduë est effectivement, & est de l'étenduë. Il a voulu que le mouvement fût un de ses
états : Il a voulu que l'étenduë exis-
tât en s'apliquant successivement; le
mouvement est un de ses états, &
elle existe en s'apliquant ainsi : Il a
voulu qu'elle changeât de place; elle en change veritablement : Il a
voulu qu'elle déplaçât; elle déplace
réellement ce qu'elle rencontre &
non pas simplement en apparence.
Il a voulu que le mouvement fût un

F 4

état

état actif; il est un état actif: Il tient d'ailleurs son activité, comme il tient d'ailleurs son éxistence ; son éxistence même & son activé sont inseparables ; car il n'existeroit pas s'il n'étoit pas mouvement, & s'il n'étoit pas un mouvement, il ne seroit pas actif, comme s'il n'etoit pas actif il ne seroit pas mouvement. Le mouvement dès qu'il existe, est par là même déterminé à continuer d'être; sa force qui n'est autre chose que lui-même, dès qu'elle est née, est déterminée à subsister & à agir. Les effets de la volonté Divine sont réels & differens de cette volonté, par la vertu de laquelle ils ont reçû l'Etre; & quand ces effets deviennent des causes à leur tour, ce sont des causes réelles & differentes de la cause suprême de qui elles ont reçû le pouvoir d'être des causes. L'infinie réalîté de Dieu n'empêche pas que les créatures ne soient de veritables Etres; au contraire plus la Toute-puissance qui les a formées est réelle, plus il est vrai qu'elles sont elles-mêmes des Etres réels, & non des apparences : Elles tirent de Dieu leur

leur Etre & leur force, mais leur force est réelle & differente de la Puissance divine, comme leur exi-stence est réelle & differe de l'exi-stence du Createur.

Fœlix qui potuit Rerum cognoscere
causas!

O Causa causarum, quousque te nos qui
à te sumus ignorabimus?

     ECLAIR-

ECLAIRCISSEMENT SUR LE VUIDE.

QU'on se represente une Caisse remplie de boules qui se touchent immediatement autant que des boules peuvent se toucher ; on conviendra quà grand peine chacune pourra tourner sur son propre centre, & pour y concevoir ce mouvement il faut les supposer parfaitement polies. La plenitude du Monde en tient toutes les parties aussi serrées que les boules de cette caisse, Il ne se peut point faire d'écars au dela de l'enceinte de l'univers, & c'est une absoluë necessité, que chaque portion de matiere en ait toujours une voisine dont elle soit infiniment prés.

On chercheroit en vain à éluder cette difficulté en supposant que les boules ne se touchent pas, Envain, di-je, on les placera à quelque distance l'une de l'autre ; Pendant que l'on supposera l'espace qui les separe parfaitement plein, la même difficute

ficulté reviendra toujours, soit qu'on
le suppose plein d'autres boules plus
petites, ou de Cubes, ou de Triangles, ou d'on mélange de Corps de
differentes figures, mais qui ne laif-
feront entr'eux aucun intervale
vuide.

Que deux Boules *A* & *B* se tou- Fig. 7.
chent au point *c*. Une troisiéme *D*
se meut suivant la direction *EDF*.
Les deux Boules *A* & *B* pourluy
faire place s'écarteront & leur écart
sera de la longueur *ce*, avant que
d'estre de la longueur *do* égale au diametre de la Boule *D*. Il se fera donc
dabord un intervale *ce* qui ne sera
rempli ni par la Boule *D*, ni par
aucune de ses parties.

Dira-t-on; *Il se remplira par quel-*
ques unes des parties qui composoient l'e-
tendue du Triangle Curviligne situé
entre les trois Boules, A, B, D.

Mais si on suppose ce petit Triangle rempli de parties Spheriques, la
même difficulté reviendra, Elle tombe sur une petite Boule *m*, tout
comme sur la grosse *D*. La supposition d'un petit Triangle *fch* recti-
ligne ou Curviligne ne levera point

la difficulté, Entre sa pointe *c*, & les deux Boules, *A* & *B*, Il y aura de l'intervale, que la longueur *gk* ne remplira pas. *Mais d'autres parties accourront pour le remplir ?* Determinés en la figure & incontinent vous verres renaitre l'embarras. Et il sera impossible de concevoir que des mouvemens pêle mêle, que des mouvemens progressifs s'executent dans le plein.

Les Partisans du Plein ont prévû l'objection & pour la prévenir ils ont supposé une matiere dont les parties & les figures fussent d'une petitesse indeterminée, c'est à dire que pour s'epargner l'embarras de sentir une difficulté qui les incommodoit, ils ont fait abstraction de la petitesse & de la figure de tout autant de parties dont ils auoient besoin pour se representer des mouvemens progressifs & des mouvemens pêle mêle. Mais ces parties dont on s'abstient de determiner & la grosseur & les figures, ont trés réellement chacune une grosseur & une figure determinée, & c'est dela que dépend tout ce qu'on leur attribue de capacité à se mouvoir

voir & à remplis les intervales qui se forment entre les Corps que des mouvements separent.

On convient qu'il n'y a aucun Corps qui, à chaque instant, n'ait sa grosseur & sa figure, mais il en est dont il seroit inutile, de la determiner, parce que, D'INSTANT EN INSTANT, ils la changent sans fin & sans cesse.

Cela est bientôt dit; mais ceux qui tiennent ce langage veulent bien ne s'apercevoir pas qu'ils supposent précisément ce qui est en Question, LA POSSIBILITE DES MOU-VEMENS PROGRESSIFS & PELE MELE DANS LE PLEIN.

Pour petit que soit un Corps, dés qu'il se casse, il faut, pour le moins, que deux de ses parties se separent & se meuvent, & se portent vers de differens termes; Voila des mouvemens progressifs, voila des parties qui s'avancent & qui en separent d'autres; voilà des intervales à remplir; Il faut avoir recours à de nouvelles parties pour les y introduire, il faut de nouvelles divisions; Celles ci en demanderont d'autres, & la

mê-

même difficulté renaiffant à l'infini, par là même ne fera jamais terminée.

D'ailleurs dès que l'on fait des conjectures, fi elles ne font pas d'une nature à pouvoir fe verifier par l'experience, il faut du moins fe rendre difficile, à admettre celles auxquelles elle paroit contraire. La Nature au milieu de tant de diverfités qu'elle étale, ne laiffe pas de fe foûtenir dans une uniformité tres conftante. Autant qu'on peut la fuivre, on void qu'elle fait en petit ce qu'elle fait en gros & qu'elle eft partout femblable à elle même. Or il eft conftant que des maffes d'une groffeur mediocre fe caffent plus aifément que des petits brins. Il femble qu'il faut chercher la premiere origine & comme le fondement de la dureté des Corps vifibles, dans de petites racines qui s'accrochent l'une à l'autre. On peut par des fecouffes venir a bout de defunir ces liens qui les accrochoient & de faire qu'ils ceffent d'étre emboittés l'un dans l'autre ; Mais pour ces crochets il y a tout apparence qu'il n'eft pas poffible
de

de les casser. Les premieres racines
des Masses visibles subsistent telles
que le Créateur du monde les a faites.
Les principes des choses ne changent
point & de-là vient l'uniformité con-
stante qui se void dans la Nature.
Ils s'assemblent differemment & delà
les differentes especes de *Mixtes*. Un
coup qui tombe sur une de ces racines, poussant les parties de la surface qui les couvre, de la circonference vers le centre & vers l'interieur
de quelque forme que soit leur courbure, ce coup demeure sans effet, quand
même on supposera ces petits Corps
vuidés dans leur interieur, pourvû
que la croute, ou l'envelope de ce
vuide soit solide, car les parties
dans lesquelles on divisera cette envelope, par la pensée, rangées en
forme de voûte se soutiendront parfaitement, parce qu'elles ne pou-
roient s'approcher du centre, plus
qu'elles ne le font, sans se pene-
trer.

,, Mais dans quels embarras un Phy-
,, sicien ne se trouvera-t'il pas, dés
,, qu'il aura reconu un vaste vui-
,, de, dans lequel les Corps qui
,, com-

,, compofent l'univers . nagent fort
,, eloignés les uns des autres. Com-
,, ment pourront ils faire paffer
,, leurs impreffions à travers un Efpa-
,, ce , incapable d'action & par là
,, incapable de fervir de milieu à
,, transmettre les actions de deux
,, Corps qu'il fepare , & combien
,, de *Qualités occultes* ne fe trouvera-
,, t on pas reduit de fubftituer à
,, l'hypothefe du *Plein*.

Ce font la de vaines allarmes.
L'exiftence des Mouvemens progref-
fifs , force à reconoitre celle d'un Efpace qui cede parfaitement , d'une
Etenduë qui eft fans aucune folidi-
té ; mais il fuffit de reconoitre entre les Corps des intervales auffi
grands quil eft neceffaire pour la naiffance & pour la continuation de
leurs Mouvemens. Qu'on fe figure
un grand nombre de petits tourbillons femblables à celuy qui eft mar-
qué par *A*. Ces Tourbillons font
compofés de petites parties qui tour-
nent avec une grande viteffe autour
Fig. 8. de leur centre. *A* travers un de ces
tourbillons que d'autres , ou des
Etendues folides , avoifinent , en *B*
& en

& en *C* les deux Corps *D* & *E* pourront recevoir quelque impreſſion l'un de l'autre ; Si une Veſſie, ou l'on auroit ſoufflé de l'air, occupoit la place du Tourbillon *A.* il eſt certain que les Corps *D* & *E* agiroient l'un ſur l'autre à travers de cette veſſie.

Une particule *a* eſt pouſſée de *E* Fig. 9. en *D*, elle s'avancera en tournoyant, & obligera la particule *c* d'en faire autant ; La particule *e* avancera encor un peu & l'impreſſion parviendra tres promptement à la derniére *f.* Une maſſe ſolide peut traverſer un Tourbillon & par là d'un il s'en fera deux. Des débris de pluſieurs ſeparés par les Corps qui les traverſent, il s'en peut faire un ſeul. Si on ſuppoſe encor qu'entre les parties *m* qui s'étendent en longueur il y ait pluſieurs petits globules qui tournoyent avec elles, un tourbillon plus grand ſe trouvera compoſé de pluſieurs petits qui luy donneront de la force. Ces tourbillons ſeront entr'eux dans un eſpece d'équilibre, ſur tout ſi entre de plus grands on en conçoit de plus petits placés dans leurs intervales. Voyés Fig. 8.

Des

Des parties qui pour faire place a un corps, qui traverſe l'eſpace, ou elles tournoyoient, ſe ſont approchées comme on les voit Fig. 10. & ont changé leur tournoyement en vibrations, & de l'etat ou on les void en *A* ſont paſſées à celui ou on le void en *B*, Ces parties dés que le corps qui les a écartées à droite & à gauche & les a obligées à ſe ſerrer, à luy même travèrſé l'eſpace où elles êtoient, elles y accourènt & leurs vibrations devenant plus longues; par là meſme que rien n'y fait plus d'obſtacle, elles reprenent leur tournoyement & en rempliſſant l'eſpace qu'elles viennent de quitter elles joignent leur force à celle du corps ſolide qui les en avoit chaſſées, pour luy aider à produire le même effet ſur celles quil rencontre immédiatement aprés. De l'endroit où les parties ſont plus ſerrées & ſe heurtent, elles ſe pouſſent & ſe portent du côté qui cede davantage & où leurs mouvemens ſe font avec plus de facilité & plus d'étenduë.

Qu'on ſe repréſente un Pendule qui parcourt 30 degrés en deſcendant, & au-

autant en remontant. Mais apres estre remonté de dix degrés il rencontre le plan parfaitement élastique *B*. Il le frappe avec une force capable Fig. 11. de l'élever encor de vingt degrés, il en est repoussé avec une force égale. Il rebrousse donc de *B*. du coté de *C* tout comme il auroit fait s'il avoit parcouru les 20 degrès *BE*. Avec cette force il en parcourt encor dix. Le voilà donc en *F* en état de remonter de trente degrés; Mais après estre remonté de dix, il rencontre encor un Plan *G* élastique comme le précedent. Dès là les vibrations du Pendule ne seront que de 20 degrés, tant montée que descente; Mais chaque moitié de la vibration entiere conservera une force de 30 degrés, & des que les plans seront ôtés les vibrations se feront dans la même étenduë qu'auparavant. C'est ainsi que ces petits corps qui nagent dans le vuide & qui n'y décrivent plus que des Arcs, recommenceront à y decrire des cercles comme ils faisoient auparavant, des qu'ils seront en liberté de se mettre au large & d'y exercer toute leur mobilité: Les
mou-

mouvemens avec lesquels ces parties se repoussent & s'empechent reciproquement de décrire de plus grans Arcs ont tout l'effet d'un Ressort.

Les parties longues & solides qui tournoyent dans le vuide, & s'aprochent pour faire place aut masses qui doivent le traverser, peuvent non seulement estre plus ou moins creuses, de même que les petites boules qui tournoyent avec elles & contribuent à donner de la force aux tourbillons, de sorte que la differente densité des liquides ne doit pas seulement estre imputée à la quantité du vuide que leurs parties solides laissent entrelles mais de plus, (& c'en est peut estre la principale cause) à la quantité de vuide que ces parties renferment sous leur surface.

Si on me demande. Qu'est ce que ce VUIDE dont vous prétendés d'avoir etabli l'existence & la necessité pour le mouvement, & dont vous vous estes encor hazardé à regler la distribution? Jusques ici des persones tres éclairées l'ont regardé comme une chimere & un vain assemblage d'idées incompatibles. Je répons que

que je ſerai auſſi du même avis, dés que par le terme de *Vuide* on entendra un *Eſpace qui n'eſt rien*, car dire que le *Vuide* n'eſt rien, c'eſt dire *qu'il n'eſt pas*. Qui dit *Etenduë* dit aſſurément quelque choſe, l'Idée de l'Etenduë eſt une Idée tres réelle & qui repreſente, un objet tres réel. C'eſt donc manifeſtement *ſe contredire* que de ſuppoſer une *Etenduë qui ne ſoit rien*. C'eſt une enchainure de contradictions que d'ajouter. Qu'un *Eſpace*, c'eſt à dire, qu'un *Rien* eſt plus grand ou plus petit qu'un autre. Que quand trois corps ſont differemment éloignés il y a plus de rien ou il y a un rien plus long entre le premier & le ſecond, qu'entre le ſecond & le troiſiéme. Qu'un corps qui ſe meut parcourt ſucceſſivement un grand rien, applique ſucceſſivement ſa ſurface aut differentes parties du *Rien*. Qu'un corps remplit un Eſpace c'eſt à dire un *Rien* égal en étenduë à ſa ſolidité & qui a la même meſure.

Qu'eſt ce donc que le Vuide, s'il n'eſt ni un *Rien*, ni un *Corps* ni un *Eſprit* & une ſubſtance qui penſe? Je répons que c'eſt une *ſubſtance étenduë*

&

& penetrable, c'est à dire une *Eten-*
duë qui est substance & parfaitement
cedante destituée de toute solidité.
Par la même elle est *Immobile*, car
si on supposoit qu'elle sé remuat, il
faudroit supposer en même tems un
autre espace qu'elle parcourut & dans
lequel elle exerceat ses mouvemens?
De plus comment pourroit-elle quitter sa place? Elle est elle même, sa
place & son espace & elle ne sçauroit
se quitter & s'abandoner elle même?
Infiniment penetrable & cedante elle
ne sçauroit rien pousser ni déplacer.

J'ay, les idées *d'Etre*, de *sub-*
stance, de *Mode* d'Etat, de maniere
d'estre, de *Pensée*, ou d'Acte qui se
fent, *d'Etenduë*, d'étenduë *Solide* d'é-
tenduë *Penetrable.* J'ay toutes ces
idées, je les sens, j'en suis convaincu;
mais elles sont d'une telle simplicité
que je ne puis les expliquer par d'autres; Tout ce que je puis faire c'est
d'amener ceux qui n'y ont pas fait
d'attention à y penser & à les faire
naitre dans leur esprit, par le moy-
en de certains discours que je leur tien-
drai & de certains points de vuë ou
je les placeray.

Cet-

Cette Etenduë que j'appelle *Espace*, Cette Etenduë penetrable est une substance, car elle a son existence à part, Elle est differente de l'Etenduë solide, & de tout autre estre. L'une est *solidité* & l'autre *Penetrabilité*. Avant que Dieu l'eut créé, elle n'etoit pas, non plus que l'Etenduë solide : Il en a vû la necessité, par la même qu'il avoit résolu de créér des Blocs d'étenduë solide, auxquels il donneroit divers mouvemens.

Je ne confons point cette *Etenduë penetrable* avec l'*Immensité* de Dieu, c'est à dire avec Dieu luy même, je ne vois absolument goute dans cette supposition & là où je ne vois goute & où je ne puis me former d'idée, Je me suis fait une Loy de me taire. Je ne suis pas moins éloigné de penser que l'Espace est éternel & éternellement occupé par l'Estre divin, car Dieu n'a besoin de quoi que ce soit different de luy même : Qu'on m'explique distinctement quel est le rapport des Esprits, *des Etres qui pensent*, avec le Lieu, avec la substance étenduë, alors il me sera facile d'ajouter de quelle maniere Dieu est dans tous

les lieux. En attendant je me bor-
neray à penser que Dieu étant l'Etre
infini à tous égards, il suit de là que
dans le sens que Dieu est dans un
lieu, il est dans tous les autres, que
dans le sens qu'il est présent à un
corps, il est aussi présent à tous les
corps.

Si l'on accorde, comme quelques
Metaphysiciens le prétendent, que
quand on dit *une Ame est dans un
corps*, cela signifie une Ame agit sur
son corps, elle en a l'idée aussi présente que l'idee d'elle même, que
l'idée & le sentiment de sa propre
pensée : il en faudra conclurre que si
elle conduisoit également plus d'un
corps & qu'elle en eut les idées également présentes, lès regardat comme siens, & agit sur eux immediatement, elle se considereroit comme
placée dans ces corps ; & c'est ainsi que
l'Ame d'un homme se croit également
ment présente à ses pieds, à ses bras,
àtoutes les parties dèson corps, en un
mot, dont l'idée ne luy est pas moins
presente, & ne s'offre pas à elle avec
moins de vivacité, que les sentimens qui
l'occupent dabord après les impressions

ons qui se font faites fur ces parties.

Je nallegue point cette hypothefe
comme la feule vraye, il me fuffit
qu'elle foit concevable, afin d'en
conclure, que de l'idée d'une certaine *relation* de ce qui penfe avec un
corps & avec le place d'un corps, on
peut paffer à fe repréfenter en quel
fens & de quelle maniere un Etre qui
penfe, fans diffution de fa fubftance,
fans aucun mouvement local, & fans
avoir befoin d'eftre étendu, peut eftre prèfent à plus d'un corps & fe
regarder comme placé dans plus
d'un endroit. Il eft naturel de penfer que la vraye hypothefe, diftinctement conuë, répandroit un tout autre jour fur cette matiere, qu'une
hypothefe imparfaite, ou une hypothefe imaginée, qu'on n'eft pas en
état d'apuyer par des preuves demon-
ftratives, & qui na tout au plus pour
elle qu'une mediocre vraifemblance,
une apparente poffibilité.

G   II. ECLAIR-

II. ECLAIRCISSEMENT SUR LA REACTION.

I.

Le repos nopofe pas de refiftance & n'apas de reaction.

ON a trouvé que M. Des Cartes s'etoit trompé pour navoir pas examiné d'affez prés fi le Repos refifte au mouvement. Je dirai enpeu de mots ce que je penfe fur cette Queftion. Quand j'arrefte mon attention fur une portion d'étenduë, fur un bloc de matiere, fur un corps en particulier. Je le concois fitué entre dautres, & je concois de même que fa fituation peut durer telle qu'elle eft, & qu'elle peut auffi etre changée : ce corps eft également fufceptible de l'un & delautre de ces Etats. On donne a l'un le Nom de *Repos*. Et a lautre celuy de *Mouvement*. Or fi le Mouvement eft un Etat auffi conforme a la nature du corps, que celuy de Repos. On ne doit concevoir dans un corps en repos aucune repugnance à éftre mis en mouvement ; A la verité un corps en repos ne fe mettra pas deluy même en mouvement, car chaque corps eft

eſt determiné a demeurer dans l'Etat
ou il ſetrouve juſques a ceque quelque cauſe exterieure l'en tire. Mais
quand un corps en repos, ſera pouſſé par un Mobile, il cedera a ſon
mouvement ſans repugnance ; car il ny
a rien dans la nature du corps qui s'oppoſe au mouvement plutôt qu'au repos.

Aucun corps ne ſe connoit, il ne
connoit aucun de ſes Etats, il nen
a aucun ſentiment, & à cet egard ils
luy ſont tous tres indifferens, il eſt
incapable & d'inclination & de repugnance. Mais on dit qu'un *corps*
repugne a devenir ce qu'on nepeutpas
dire, qu'il devienne ſans tomber en
contradiction, & c'eſt en ce ſens
qu'on dit qu'un corps répugne a ê-
tre penetré par un autre. On par-
leroit plus exactement ſi lon ſe con-
tentoit de dire, qu'un corps eſt im-
penetrable, & plus nettement encore & plus préciſement ſi l'on diſoit qu'il
implique contradiction, qu'un pied
cube tres ſolide récoive tellement
dans l'enceinte de ſa ſurface, un
autre pied cube également ſolide,
que tous deux ſe trouvent renfer-
més dans les mêmes bornes qui en

G 2

ter-

terminoient un feul, de maniere qu'un pied cube feroit deux pieds, & que deux n'en feroient qu'un.

Un pied cube folide eſt donc determiné par ſa nature a être un pied cube, & non deux pieds, il eſt determiné a nétre pas pénétré. Dans l'hypotefe du vuide, on diroit, il eſt determiné a être Etenduë folide, & non etenduë fpatiale. Ce n'eſt point par l'effet de je ne fcay quelle repugnance fecrette, & par quelque effort qu'un corps face pour fy oppo-fer qu'un autre ne le penètre pas; cela ne fe peut. Mais quand on par-le d'une telle penetration comme pof-fible, on affemble des termes qui, par la même qu'ils font affemblés, ne fig-nifient rien, & ne fcauroient fonder une affirmation.

Je dis de même qu'il implique con-tradiction qu'un corps ait du mou-vement, ou foit en mouvement, & ne fe meuve pas. Il implique de même contradiction qu'il fe meuve fans pouffer ceux qu'il rencontre: Il im-plique contradiction qu'il change de place & ne déplace pas. Je dis donc que le Mouvement a une *force*, ou

qu'il

qu'il eſt luy même une *activité* en
vertu de laqu'elle, il ne s'arreſte pas,
dêſqu'il rencontre en chemin un corps
en repos, ou un corps qui ait moins
de mouvement. Le mouvement ne
ſcauroit produire les effets auxquels
il eſt deſtiné, & qui ſont les ſuittes
de ſa nature, s'il étoit arreſté tout
court par le repos.

Le mouvement étant de ſa nature
un état actif, par la même qu'il exiſte, & quil eſt mouvement, il ſe
trouve determiné a ſurmonter les obs-
tacles, a ne pas ceder, a s'oppoſer
a ce qui tend à le faire ceſſer. Mais
pour ce qui eſt du *Repos*, quand même on ne le mettra point a rang des
ſimples *Negations*. Quand même on
le concevra comme une maniere d'ê-
tre tres *réelle*, toûjours n'eſt il point
un Etat *actif*. Le corps de ſa nature eſt un eſtre Uniquement paſſif, &
qui ne devient actif que par le mouvement qui luy ſurvient, qu'il ne ſe
donne point, & qu'il recoit d'ailleurs.

Mais puiſque c'eſt ſur les corps en
repos que le mouvement doit produire ſon effet, & exercer ſon acti-

vité, il faut que les corps en repos luy cedent, car a quoy bon y suppofer une repugnance qui s'oppoferoit directement au but pour léquel le mouvement a eté etabli? Ajoûtons qu'on ne fcauroit fe former aucune idée de cette repugnance, & que plus on y penfe moins on conçoit que le Repos foit un Etat actif.

Quand il s'agit de déplacer un corps en repos, il fe trouve fouvent qu'on ne peut le faire, fans furmonter la refiftance des mouvements qui tendent a le faire demeurer là où il fe trouve. Comme ces mouvements ont pour fuiet des particules invifibles; on eft venu à attribuer aux corps en repos une oppofition qui n'eft duë qu'aux mouvements de ceux qui l'environnent. Cela eft trop clair & trop connû pour fy arrefter. Quand un corps eft fufpendu, quoy que fort gros, il eft aifé deluy donner tant foit peu de mouvement, parceque ce mouvement n'eft fuivi que d'une montée infenfible; Mais pour peu que croiffe l'arc qu'on luy fait décrire, on éprouve la refiftance des caufes de la pefanteur, c'eft adire des cau-

fes

ſes qui determinent a deſcendre les
corps quon appelle peſants.

Et quand même un corps ſeroit tellement ſitué , & qu'il ſe trouveroit
pouſſé ſuivant une telle direction que
pour le faire paſſer de l'état de repos,
a celuy de mouvement, il n'y auroit
a vaincre l'oppoſition d'aucun mouvement contraire , neantmoins comme la viteſſe du bras, que le pouſſe-
roit, diminueroit à meſure qui la Maſſe pouſſée ſeroit groſſe, cette diminution de viteſſe ſeroit accompagnée
d'un certain ſentiment incommode,
& ſi on vouloit que cette viteſſe ne
diminuat point, la tenſion de fibres
qui deviendroit plus roide ſeroit encor ſuivie d'un nouveau ſentiment
penible, qui feroit imaginer , dans
le corps pouſſé, une certaine repugnance à avancer, une je ne ſcay
quelle fermeté active à ne ſortir pas
de l'état de repos, Mais ce ſont la
des illuſions, & des reſtes d'Enfance, Produire du mouvement c'eſt
produire un Etat tres actif; Pour
un tel effet, il faut de l'activité, il
faut du mouvement, & à proportion qu'il s'en excite dans nos muſcles,
à proportion que leurs fibres ſont ten-

düës , nous éprouvons de certains
fentiments; Ces fentimens font l'effet non d'une refiftance & d'une réaction dans le corps en repos, Mais
d'un mouvement qui s'excite dans le
nôtre, & qui y eft neceffaire pour fervir enfuitte à ébranler de groffes
maffes avec une certaine viteffe.

On E-
claircit
le ter-
me de
la reac-
tion.

II. ON a encor imaginé, dans les
corps en repos, & on leur a attribué
une certaine REACTION. On a
conçeu qu'une Eau tranquille agiffoit
fur un batteau, que le Vent ou les
Rames ont mis en mouvement de la
même maniere qu'agiroit une eau cou-
rante fur un bateau en repos, au cas
que l'Eau coulât contre ce fecond
bateau avec une vîteffe egale a celle
que le vent, ou les rames impriment
au premier. Ceft ainfi encor dit-on,
que l'Eau tranquille, du baffin d'une
fontaine aplatit la bale qu'on tire con-
trelle tout comme un marteau en
mouvement applatiroit une bâle en
repos fur laquelle fon coup tomberoit.

Si ceux qui parlent ainfi prétendent
fimplement qu'il fe produit des effets
tout femblables dans l'un & dans l'autre de ces cas, qu'il arrive, dis je,

la même chofe que fi le corps, en
repos, ou dont le mouvement plus
foible eft regardé comme une efpece
de repos, agiffoit par *réaction*, je reconnois de la verité dans ce qu'ils di-
fent, & dans les faits qu'ils pofent,
Mais il me paroit, quils ne s'expri-
ment pas éxactement, & que ce langage pourroit jetter dans l'erreur ceux
qui ne l'expliqueroient pas bien.

Je jette une bâle de plomb contre
un pavé ; elle s'aplatit, une boule
d'Argile molle s'aplatiroit encor plus,
car elle s'aplatit même a la rencontre d'une autre boule qu'elle met en
mouvement. A quelle caufe faut il
attribuer cèt effet ? Eft ce au *mou-*
vement même de la boule qui pouffe
& qui agit, ou a la *réaction* de celle
qui eft pouffée, & qui, à un certain
égard, au moins, paroit fimplement
paffive? Ceft ce qu'il faut éxaminer.

Quand un pied cube fe meut &
décrit, par exemple une toife, chacun de fes 1728. pouces cubes fe meut
auffi, & parcourt lalongueur d'une
toife, & a precifément autant de viteffe, autant de mouvement qu'il auroit, s'il fe mouvoit feparément.

G 5

Si

Si cette Masse est parfaitement solide, toutes ses parties agiront en même temps, & feront leur impression, dans le même instant, sur un corps en repos qui se trouvera sur le passage de la Masse qu'elles composent.

Mais si cette Masse est poreuse & composée de parties qui, sans se dégager les unes des autres, peuvent tourner l'une autour de l'autre, à peu prés comme les Aneaux d'une chaine; les parties qui se trouvent situeés sur la surface anterieure de cette masse en mouvement agiront les premiéres sur le corps qu'elles rencontreront, & leur action sera suivie de l'impulsion des autres successivement, jusques à celles de la face posterieure. Cette succession d'impulsions se fera très rapidement, mais toûjours ce sera une succession, puisque, par la maniere dont on les suppose situées, elles peuvent agir separément & plutoft les unes que les autres.

Quand un corps en pousse un autre, c'est une necessité que sa vitesse diminuë àproportion du mouvement qu'il donne a l'autre, car de la masse qui pousse, & de celle qui est poussée

sée il se fait un seul bloc, un seul
tout, & ce nouveau tout ne doit pas
avoir plus de mouvement, qu'il n'y
en avoit dans le mobile qui a poussé
& a ébranlé l'autre, car d'où viendroit ce surcroit? Puis donc que le
mouvement ne doit pas croître, il
faut que la vitesse diminuë à mesure
que la masse devient plus grande.

Cela posé, Les premieres parties
du corps mol, ont déja perdu de leur
vitesse, & se meuvent plus lentement,
lorsque les suivantes continuent à a-
vancer comme elles faisoient. Cela
détermine ces premieres parties faci-
les à ployer, détermine ces premiers
anneaux à tournoyer & a se replier
en arriere. Même chose arrive, d'a-
bord après, aux secondes parties, &
aux seconds anneaux, & ainsi successivement.

La matiere encor qui remplissoit
les pores du corps mol, matiere qui
peut tres aisément s'en echaper, &
a qui le premier ébranlement est une
occasion de s'échaper, facilite l'étre-
cissement des pores en les quittant,
car alors le liquide environnant aide
à aprocher les parois de ce pore, qui

G 6

vient

vient d'être abandonné par la matiere
qui le remplissoit, ou plutoft le liquide environnant étrecit le pore, & en
aproche les parois à mesure que la
matieré qui le remplissoit en sort,
par la secousse qu'elle vient de reçe-
voir. Cest donc dans le mouvement
même du corps mol qui frappe, qu'-
on trouve la cause veritable & réelle, de ce changement de figure,
qu'on n'eft pas fondé d'attribuer à la
réaction de la masse, qui étoit en repos, & qui passe de cét état, à celuy de mouvement.

Quand un bateau est poussé & determiné a avancer par des rameurs,
on par le vent, il rencontre des parties qui ne se meuvent pas dans le même sens que luy, Et celles là même
qui vont du même côté, ne s'y portent pas si vîte: Il faut donc qu'il
augmente le mouvement des parties
de l'Eau qu'il trouve sur son passage
(je laisse àpart la necessité d'en soû-
lever quelques unes, d'en dégager
d'autres & de rompre leurs liaisons:
Je ne dis rien encor de l'effet des fro-
temens) Par la; la viteffe de ce bateau se rallentit dans le sens, & dans

la direction, suivant laquelle il est
obligé de pousser avant luy une certaine quantité d'eau, & d'ajoûter une
certaine quantité de mouvement a
cèlle qu'elle avoit déja. Or quand
un mouvement diminué, en un certain sens, & suivant une certaine direction à quelque cause que se rap-
porte cette diminution; le mobile e-
prouve quelque chose de semblable à
ce qui luy arriveroit, s'il etoit retiré
en arriere, & suivant cette direction
par un mouvement contraire au sien.

Si donc par la *réaction du Repos* on
se contente d'entendre un certain ef-
fèt qui se produit dans le mobile, un
certain état, une certaine modifica-
tion qui luy survient toute semblable
a celle que le repos y feroit naître
par une réaction, s'il etoit capable
d'action, s'il etoit en état actif, je
ne me rendrai difficile sur ces mots,
& je ne refuserai pas de m'en servir
avec ceux qui les aiment, & qui les
trouvent commodes ; Mais je les ex-
pliquerai dans le sens que je viens de
leur donner.

Le corps frapant ne se meut pas,
après le choc aussi vite quil faisoit

                    avant

avant le choc, non à cause d'une repugnance que le corps en repos eût
a se mouvoir, & d'une réaction qu'il
luy ait opposée; Mais parceque telle est la nature du mouvement, que
pour subsister en quantité égale, il
faut necessairement que la vitesse diminuë a proportion que la Masse augmente.

**Emba-
ras de
Lhypo-
these
qui at-
tribue
de la
resistan-
ce au
repos.**
I I I. CEUX qui supposent dans un
corps en repos une certaine resistance à recevoir du mouvement, & qui
mettent cette resistance en parallele
avec l'effort d'un corps en mouvement pour pousser celuy qu'il rencontre en repos, & pour l'entrainer avec luy, conviennent qu'une
plus grande Masse forcera une plus
petite à ceder à son mouvement; Ils
sont un peu embarassés à décider sur
l'effet du choc d'un mobile qui tombe sur un corps en repos de même
poids que luy; Mais ils n'hesitent
point a dire qu'une masse en mouvement ne sçauroit tirer de l'état de
repos une masse plus grosse, & d'u-
ne égale solidité à moins que le choc
de la Masse en mouvement ne soit
fortifié par quelque autre cause, telle

le qu'est le plus souvent, l'action du liquide où se fait le choc.

On convient donc qu'un corps de trois livres mettra en mouvement un corps de deux livres. Que ce corps de 3. livres ait parcouru 2. toises, dans une minute, son mouvement sera de 6. degrés, & avec le mouvement il aura la force d'entrainer avec luy le corps de deux livres, De 6. degrés $= \frac{30}{5}$, la Masse de 2. livres en prendra $\frac{12}{5}$ & il en restera $\frac{18}{5}$ a la masse de 3. livres.

Supposons apres cela un corps d'une livre qui ait parcouru 6. toises, aussi dans une minute ; son mouvement sera égal a celuy des 3. livres, car appelons le corps d'une livre D. & les trois livres de l'autre $a + b + c$. la livre a qui ne fait que 2 toises, n'a que le tiers du mouvement qui se trouve dans la livre D. la qu'elle parcourt 6 toises dans le même temps, jen dis de même de b & de c. Donc le mouvement de $a + b$, est égal aux $\frac{2}{3}$ du mouvement de D. & le mouvement de $a + b + c$. est égal aux $\frac{3}{3}$; cest adire est égal au mouvement entier de la Masse D

Là

Là où les mouvemens sont égaux, les forces sont égales ; donc si l'un de ces mobiles fait passer la boûle de deux livres de l'état de repos a celuy de mouvement, l'autre aura aussi cette puissance.

La vitesse des 2 livres, après le choc des 3. est de $\frac{6}{5}$ car c'est la quantité du mouvement divisée par la masse : & 2 livres avec $\frac{6}{5}$ de vitesse ont $\frac{12}{5}$ de mouvement.

La vitesse des 2 livres, après le choc de la livre seule sera de $\frac{6}{3} = \frac{10}{5}$ & son mouvement sera de $\frac{12}{3} = \frac{20}{5}$

La petite masse produit plus d'effet que la grande ; Mais il ne faut pas s'en étonner, elle perd plus de son mouvement car de 6 degrés $= \frac{30}{5}$, la grande s'en conserve $\frac{18}{5}$ & en donne $\frac{12}{5}$ aulieu que la petite n'en retient que $\frac{10}{5}$ & en donne $\frac{20}{5}$.

Ce raisonnement est fondé sur la supposition que la Force du mouvement répond précisément à sa Quantité ; C'est une verité qu'il faudra encor établir.

Voici, à ce qu'il me paroit, ce qu'on a allegué de plus specieux en faveur de la Réaction. On acroche
l'une

l'une des extremités d'une corde à un Roc, & l'autre à un cilindre placé dans un vaisseau ; On fait tourner ce Cilindre par des bras de Levier & la corde se roule sur sa Circonference. Par le moyen de cette manoeuvre le vaisseau s'aproche du Roc avec la même vitesse, que si le cilindre étant affermi sur le Roc, l'extremité de la corde qu'on y a accrochée étoit liée au vaisseau. D'où vient cela, dit on, si ce n'est de la Réaction? Le Roc tiré, par le vaisseau, le tire à son tour, avec un pareil degré de force.

Si le Roc étoit luy même en mouvement du coté du vaisseau. il ne resisteroit point. Sa resistance vient donc de son Repos. Mais ce Repos n'est rien. Comment donc la force de ce Repos qui n'est rien, & qui à cause de cela est appelée *Force d'Inertie* se trouveroit-elle èquivalente à la force d'un tres grand mombre de Livres? Voilà déja une difficulté tres grande, & qui nous invite à chercher une autre solution.

Je remarque donc 1°. Qu'un corps qui paroit tiré, & que le vulgaire croit

croit tiré, est effectivement poussé.
Un cheval pousse les bandes qui sont
appliquées, sur sa poitrine. Ces Bandes poussent le noeud de la corde qui
les traverse. Toute cette corde se
meut & s'avance, & par ce moyen
son noeud posterieur pousse la piéce
de bois derriére laquelle il est.

C'est donc ainsi 2°. que la corde,
de l'exemple allegué pousse le croc
qui est engagé dans le Roc, La dureté de ce croc & celle du Roc sont
causes que ni l'un, ni l'autre, ne cede à la corde. Ces effets ne sont
point dûs au simple *Repos*, mais aux
causes de la *Dureté* qui en sont tres
differentes & qui sont tout autrement
actives.

Cependant 3o. le Cilindre continuë à tourner dans le vaisseau; Par là
la corde s'accourcit & c'est une necessité que le Roc s'approche du
vaisseau, ou que le vaisseau s'approche du Roc: De ces deux effets le
plus aisé se produit, preferablement
à celuy qui, dans ce cas, surpasse les
forces mises en oeuvre.

3°. Ce vaisseau s'approche du Roc,
par l'effet d'une veritable impulsion
& le

& le pli de la corde, qui est derriére le Cilindre , pousse ce Cilindre
& avec luy le vaisseau anquel il est
joint.

4°. Quand une corde passe sur deux
Poulies arrêtées sur deux piliers fixes,
à quelque distance l'un de l'autre, &
qu'a chacune de ses extremités sont
attachés des poids. Ces poids font
èquilibre entr'eux, & avec un troisiéme suspendu à la corde entre les deux
poulies.

5°. On demontre que la seule Pesanteur de la corde tient lieu d'un
poids, qui seroit suspendu au milieu
d'une ligne sans pesanteur, & cela
est si vray que la seule pesanteur de
la corde la tient toûjours ployée, &
à pour cela une si grande force que
quelques grands que soyent les poids,
attachés aux deux bouts de la corde
repliée sur les poulies , ils ne scau-
roient la tendre parfaitement en ligne
droite; sa seule pesanteur, dans cette situation, seroit toûjours en équilibre avec les deux poids; Il en seroit
de même, s'il n'y avoit qu'un poids
d'un côté & que de l'autre la corde
fut acrochée à un corps fixe & im-
mo-

mobile. Ce font des verités conuës & hors de conteftation.

6. C'eft donc cette pefanteur de la corde qui devient elle même une troifième Machine; C'eft fon reffort vigoureux, à proportion qu'elle eft tenduë; ce font là les veritables caufes qui agiffent contre le Cilindre & contre le vaiffeau, & qui, dans le cas où la corde eft de côté & d'autre acrochée à des vaiffeaux, les pouffent & les font avancer, avec des viteffes reciproquement proportionelles à leurs Maffes.

Quand on conoitra diftinctement le fyftême de l'Aiman, peut-eftre fe convaincra-t-on, que deux impulfions les pouffent l'un contre l'autre, & pourquoy ne feroit-on pas auffi facile à fuppofer deux *caufes Impulfives* non encore conuës que deux *Attractions* dont on n'a pas d'idée.

Mais fuppofons ces Attractions, La Réaction n'en fera pas une fuite. Chaque Aiman attirera par une Force qui luy eft propre & fera attiré de l'autre par une Force de même nature qui refidera auffi en luy: Chacune produira fon effet, fans le fecours de

la

la Réaction. On peut citer ces cas,
comme des Exemples d'une Réaction
qu'on suppose tenir la place d'une autre
cause, & si elle même n'est pas réelle,
on luy attribuë les forces de cette cause & sur ce fondement on batit des
calculs dont la conclusion est juste.
Ces hypotheses sont fréquentes chés
les Mathematiciens, & elles ont cela
de commode que la verité des calculs
devient, par là, indépendante de tout
systême, & s'appliquera, d'elle même au *vray*, dès qu'il sera trouvé &
démontré.

III. ECLAIRCISSEMENT
SUR LA FORCE, DU
MOUVEMENT.

IV.

LE mouvement étant essentiélle-
ment un Etat successif, c'est une
necessité qu'il puisse être plus ou moins
successif sans aucunes bornes. Le
mouvement étant l'Etat d'un corps,
qui *parcourt*, & qui change de situation, & le même corps pouvant

La force du mouvement ne differe pas ré-elle-ment de sa quan-plus tité.

plus ou moins parcourir, plus ou moins changer de situation le mouvement est necessairement, & par sa nature, une quantité, & comme la quantité ou la masse d'un corps, c'est ce corps même, aussi la *Quantité* de mouvement le plus ou le moins de succession & de changement de situation, c'est le *mouvement même.*

Le mouvement est l'état d'un corps qui se meut, & cét Etat, c'est le corps même existant d'une certaine maniere. Sa Masse c'est luy même qui décrit un chemin plus ou moins long, Et c'est par là uniquement par sa Masse, dis je, & la longueur de son chemin qu'on juge de sa quantité.

Si la *Quantité*, c'est à dire, le plus ou le moins de mouvement, & *Mouvement*, c'est la même chose, la *Force* du mouvement qui n'est pas non plus quelque chose de distinct du mouvement même, seroit-elle distincte de sa Quantité qui se confond avec luy?

Je dis que la *Force* du mouvement, & le *Mouvement* même ne sont qu'une *même chose;* Car par où juge-t-on

de

de fa force? par fon action, & qu'eſt
ce que *l'action* du mouvement? c'eſt
le mouvement même entant qu'agiſ-
fant. Or il agit eſſentiellement & par
la même qu'il eſt mouvement, il
implique contradiction que le mou-
vèment ſoit, & qu'il n'agiſſe pas. Po-
ſés le corps dans un état actif, vous
le poſez en mouvement; Otez ſon
mouvement; vous otés ſon activité,
Un corps en mouvement eſt un corps
qui change de place; Par la même
qu'il change de place, il déplace ceux
qu'il rencontre & c'eſt en les dépla-
çeant qu'il agit; Si vous demandés
pourquoy il *déplace;* je vous répon-
dray, c'eſt qu'il eſt *actif.* Si vous
demandez pourquoy il agit? Je répondrai encor, c'eſt que ſa *nature,*
eſt de *déplacer* Sa Force eſt donc
lui même, & elle ſe confond avec ſa
Quantité qui eſt auſſi luy même.

On avoit établi la deſſus toutes les
Méchaniques & en general toute la
doctrine du mouvement; & un temps
à eté qu'on n'auroit pas crû que per-
ſonne pût jamais penſer autrement,
ni faire ſur ce ſujet la moindre con-
teſtation. Cependant une hypothe-

se contraire a pour Auteur un sçavant de qui on l'auroit le moins dû attendre. S'il est vray que la justesse de l'Esprit, & l'avantage de ne se tromper pas croissent à proportion qu'on s'est rendu famillier l'Etude des Mathematiques.

Mais depuis quelque temps le goût de l'obscurité s'est emparé de quelques sçavans du premier ordre, & dés là s'est répandu comme une espèce de mode; On étoit las de la clarté, on à attribuè au *Repos* une certaine *Force*, dont on n'a aucune idée, & qui de plus est incompatible avec la notion du repos, & tout ce qu'on connoit de sa nature, & pour donner plus de Merveilleux a cette hypothese, on s'est fait un plaisir d'appeller cette force imaginée du nom paradoxe de VIS INERTIÆ. Ce paradoxe a eu assez de charmes pour faire negliger la contradiction.

On a de même imaginé une force differente de la Quantité du mouvement, differente du mouvement même, & cette *Force* dont on n'a point d'idée, on en a fait assés de cas pour esperer qu'elle deviendroit le sujet d'une d'une *science* particuliere, qu'on a par avance apellée *Dunamique*. Rien n'eſt plus facile a reſoudre que le grand argument qui a donné lieu à cette hypotheſe.

Une boule d'yvoire, par Exemp. de 16 onces de poids tombe ſur une table de même matiere, de la hauteur d'un pied. On convient qu'apres être deſcenduë de cette hauteur, elle a une quantité de mouvement, en vertu de laquelle elle ſeroit capable de parcourir deux pieds, d'un mouvement uniforme, dans le temps qu'elle a mis à deſcendre d'un pied, elle a donc 32 degrés de mouvement.

Une boule d'une once eſt tombée, en 4 temps, de la hauteur de 16 piés. A la fin du 4 temps, elle a acquis aſſez de mouvement pour parcourir préciſement 8 pieds d'un mouvement uniforme. Elle a, donc 8 degrés de mouvement.

Si la premiere boule eſt reflechie par la Table d'yvoire, dans un temps elle remontera d'un pied, & des la elle ceſſera de s'elever. Avec 32 degrés de quantité de mouvement elle ne peut s'elever que d'un pied, ni con-

H

ferver fon mouvement de bas en haut
que pendant la durée d'un feul temps.

Mais la feconde qui n'a que 8 degrés, & par conſequent que le quart
de quantité de mouvement, s'eleve-
ra par la reflexion de 16 pieds & mon-
tera pendant 4 temps, *Elle a donc
plus de force.*

Je nie cette conſéquence, la premiere à 32 degrés de quantité ou de
force; Mais à chacune de ſes onces
la peſanteur ou la cauſe qui s'oppoſe
a l'élevation des corps peſants, oppoſe deux degrés de reſiſtance, Il y
a 16 onces; donc ces 16 onces eſſu-
yent dans leſpàce d'un ſeul pié, &
pendant la durée d'un ſeul temps, 32
degrés de reſiſtance, ce qui au bout
d'un temps, achéve de diſſiper 32 degrés de force & de diſpoſition às'élever.

Dans le premier temps l'once ſeule
n'eſſuye que la reſiſtance de deux degrés, au bout de ce premier temps, il
luy en reſte donc 6 : Elle en perd
deux pendant la durée du 2e, deux
pendant la durée du 3e; Ainſi il
luy en reſte deux, au commencement du 4e, avec les quels elle parcourroit 2 pieds, ſans la reſiſtance

H 2

de

de la pesanteur, & n'en parcourt qu'un; parceque cette resistance, en dissipant peu à peu les degrés de force qui restoient à cette boule, détruit la moitié de l'effet quelle auroit eu, si elle l'avoit conservée toute entiére.

Une attention mediocre aux phénomênes de la chûte des corps, à ceux de leur montée, & aux causes de ces phénomênes ne laisse rien qui embarasse, ni par conséquent aucune force dans la grande objection de M. Leibnits; Elle la tourne même en preuve.

V. UN Physicien, & un Mathematicien tres celebre à prouvé depuis peu, par des experiences soutenües de raisonemens tres subtils, & tres specieux que la *force* du mouvement resulte *du produit d'une masse par le quarré de sa vitesse.*

On propose une objection.

Je proposerai quelques remarques sur ces preuves, sans les alleguer comme des objections victorieuses; Mais a un essay je me donnerai la liberté d'opposer un Essay. Et la solution des difficultés que j'avancerai, servira à fortifier les preuves.

Dans

Dans un bacquet d'un pouce de profondeur, on a entaſſé de la terre glaiſe, de la plus fine, dont ſe ſervent les potiers extrêmément molle, & tres homogêne, & ſa ſurface formoit un plan exact.

On avoit des boules de Cuivre d'un Diametre éxactement égal, & leurs ſurfaces étoient très ſemblables. L'une de 3 onces étoit ſolide, & l'autre d'une once étoit creuſe.

La boule 3, êtant tombée de la hauteur d'une meſure, & la boule 1. de la hauteur de 3 meſures, les enfoncemens ont éte égaux : Cela ne prouve-t-il pas une égalité de forces.

Or les viteſſes acquiſes en tombant ſont comme les racines quarrées des Eſpaces. Donc la viteſſe de la boule 3, (c'eſt a dire la viteſſe acquiſe par ſa chûte, & en vertu de la quelle elle pourroit parcourir **2** meſures, d'un mouvement uniforme, pendant un temps égal a la durée de ſa deſcente) eſt à la viteſſe de la boule 1. (de même nature & uniforme) comme $V. 1. V. 3.$

Or ſi on multiplie 3. par $V 1 = 1.$ on aura 3. Et ſi on multiplie 1. par $V 3.$ on

on aura V_3. Les *quantités* font *inéga-*
les; Cependant les Effets, & par
conſequent les *forces* font *égales*.

Mais ſi on multiplie 3 par 1. quarré
de V, 1. Et 1. par $3 = V_3 \times V_3$. on aura de coſté & d'autre 3 pour meſure
des forces.

VI. QUAND un ſuiet eſt com- Re-
poſé, rien n'eſt plus facile que d'ou- ponſe.
blier de faire attention à quelques unes
de ſes faces & a quelques unes de ſes
Circonſtances.

Dans le cas dont il s'agit, qu'on
ſe rende attentif a celle du temps,
& cette experience s'expliquera juſte
à l'hypotheſe ordinaire qui tire u-
ne grande recommandation de ſa ſim-
plicité.

Les temps de ces deux chûtes ne
ſont par égaux; Mais ils ſont entr'eux
comme V, 1 eſt à V, 3.

Si ces deux boules étoient d'un parfait reſſort, & qu'elles tombaſſent ſur
une table polie de même force, elles
réjailliroient l'une à la hauteur d'u-
ne meſure, l'autre à celle de 3, pendant des temps inégaux, & qui ſe-
roient entr'eux comme V, 1 eſt à V, 3.

L'une de ces boules arrive donc à

la surface du bacquet avec une difpofition à fe mouvoir pendant un temps
plus long que l'autre.

La boule 3 agit fur la terre glaife
avec une viteffe $V_3 l$. pendant un temps
qui eft $V_1 l$. Or $3 \times V_1 \times V_1$. Ce poids
multiplié par fa viteffe & par la durée
de fon action donne pour produit 3.

La boule 1 agit fur la même terre
glaife, avec une viteffe V_3. pendant
un temps qui eft V_3. Or $1 \times V_3 \times V_3$
$= 3$ les Effets font donc égaux,
parceque 3 chofes y concourent inégales entr'elles Mais dont les inégali-
tés fe compenfent précifément.

Con-
firma-
tion.

VII. Lors que deux boules de terre glaifes, fufpendües & égales fe rencontrent directement apres avoir décrit chacune, dans le même temps,
un arc de 3 mefures, par ex: Elles con-
fument leurs forces a s'aplatir reciproquement & reftent en repos.

Si l'une a fait 4 mefures de chemin
& l'autre deux, leurs viteffes refpe-
ctives font les mêmes. Dans ce cas
la boule qui avoit le plus de viteffe,
entraine l'autre, & elles font chacune (dans un temps égal a celuy de
leur chûte) en remontant une mefure

re de chemin. Il s'est donc perdu en applatissement d'un coté toute la force de b, de l'autre autant en a Mais il est resté en a assés de force pour faire encor une mesure de chemin conjoinctément avec b. C'est à dire pour avancer avec un degré de vitesse & pour en donner autant à b.

Mais si les forces sont les quarrés des vitesses multipliées par les masses la force de a étoit $4 \times 4 \times 1 = 16$ & la force de b. $2 \times 2 \times 1 = 4$.

La force de b. se consume à ployer les parties de a il s'en perd autant de cette de a. à applatir b. Il reste donc à a une force de 12 degrés. C'est avec cette force que les deux masses unies s'avancent;

Qu'on la divise par 2, somme des masses, on aura 6 pour le quarré de leur vitesse, leur vitesse après le choc seroit donc $\sqrt{6}$, & non pas 1. comme l'experience le prouve.

VIII. Quand deux boules égales s'arrétent après le choc; leur repos n'est pas une preuve que la force de leur choc ait été aussi petite qu'il étoit possible qu'elle fut, car quand a & b se chocquent chacune avec 3

Pour-
quoy
desbou-
les s'ar-
restent
après
le choc.

H 4

de-

degrés de viteſſe, ſi elles ſont à reſſort, chacune rebrouſſera avec 3 degrés; Il y en aura donc 6 comme auparavant, & ſi la viteſſe de a eſt 4.
& celle de b, 2, a rebrouſſera avec
2 & b avec 4. Il y aura encor 6 comme auparavant, les effets des forces
ſont donc les mêmes, dans l'un &
l'autre cas, & cela étant pourquoy
dire que les forces des chocs ſont inégales; Si le poids de a eſt de 2 & ſa
viteſſe 3, Et que le poids de b ſoit de
3, & ſa viteſſe de 2. Après le choc,
elles s'arreſteront ſi elles ſont molles
& elles reflechiront chacune avec la
quantité de mouvement qu'elle avoit,
ſi elles ſont à reſſort.

Cela donc que les boules molles
s'arreſtent après le choc ne vient pas
de la foibleſſe de leurs forces, mais
au contraire de leur egalité ce qui fait
qu'aucune ne cede a l'autre, & que
par cette égalité d'oppoſition, elles
ſe donnent reciproquement leurs parties a ployer.

Quand a & b égales ont chacune
3 degrés de viteſſe, il ſe conſume u-
ne quantité de 6 en applatiſſement.
Quand la viteſſe de a eſt de 4 Et celle

le de *b* de 2, il se consume une quantité de 4 en applatissement, & dès là les deux boules avancent avec une quantité de 2. Les quantités des effets sont donc équivalentes, d'ou il faut conclure que les forces l'étoient.

Et une preuve encor que ce repos est l'unique effet de ces égalités d'impressions contraires. C'est que avec quelque vitesse que les mobiles se rencontrent pourvu que les forces soient égales de côté & d'autre, le repos suivra également le choc.

Deux mobiles sont égaux & leurs vitesses sont égales. En ce cas puisque $a = b$ & que la vitesse est v de côté & d'autre, soit que pour avoir les forces on face $av = bv$ ou $avv = bvv$ on aura toûjours égalité, & de cette égalité de forces contraires resultera le repos de deux corps mols après le choc.

IX. Lors que les vitesses sont en raison inverse des masses le repos suit encor le choc, Mais alors apres avoir appellé la J.re Masse *A* & la 2.e *B*. & avoir fait *A*. *B*. *b* *a* si lon fait $Aa = Bb$, on aura égalité, & raison inverse des vitesses & des masses,

Du cas ou les vitesses sont en raison inverse des masses.

H 5   Mais

Mais si pour avoir les forces, on fait d'un côté Aaa pour la force de la 1re. & Bbb pour la force de la seconde. Ces forces seront inegales car $Aa = Bb$ Mais l'autre racine a n'est pas égale à b.

Obje-
ction.

X. UNE boule de cuivre 3 apres avoir parcoüru un arc de la longueur 1. frappe une boüle de terre glaise ar-restée & y fait un enfoncement.

La boule de cuivre I. après avoir parcouru dans le même temps une longueur de 3 mesures, frappe d'un autre côté cette même boule arrestée & y fait un plus grand enfoncement.

La vitesse 1 x par le poids 3. don-ne 3. Et la vitesse 3 x par le poids I. donne aussi 3. les forces seroient les mêmes, & les effets sont diffe-rents, au lieu que si $1 \times 3 \times 3$ est la mesure de la derniere force & $3 \times 1 \times 1$ la mesure de la premiere, il ne sera pas surprenant que des forces inéga-les produisent des effets inégaux.

Re-
ponse.

XI. A cela, on peut répondre que la boule I qui seroit remontée de 3 mesures pendant que la boule 3 ne seroit remontée que d'une, est determinée a faire, un plus long che-
min

min, dans la terre glaise cedante, &
par la s'y enfonce davantage.

XII. Lorsque la boule de terre
glaise est suspenduë, & frappée en
même temps dans deux endroits dia-
metralement opposés par la boule 3
avec *I.* de vitesse, & par la boule *I.*
avec *trois*, les enfoncements sont é-
gaux, la boule *I.* s'enfonce moins,
quelle n'avoit fait dans le cas précedent, & la boule 3. s'enfonce d'a-
vantage.

Dans ce 2.ᵉ cas, la boule *I.* qui a
plus de vitesse que la boule 3, consume une partie de la force avec laquelle elle s'etoit enfoncée dans la
boule de terre glaise, (dans le cas
précedent) à pousser cette boule contre la boule 3. comme donc elle consume une partie de sa force à pousser
la boule de terre glaise, il luy en reste moins pour s'y enfoncer, D'un
autre côté la boule 3 s'y enfonce davantage parcequ'en même temps quelle s'avance, contre la boule de terre
glaise, la boule de Terre glaise fait
effort pour s'avancer contr'elle, &
ce dernier enfoncement est par là,
l'effet d'une double cause.

o
Con-
firma-
tion.

H 6   Voicy

Voicy un 3ᵉ cas qui confirme les experiences précedentes.

m.   Deux boules 3 frapent la boule de terre glaiſe avec des viteſſes égales.

n.   Deux boules *I* frappent cette boule de terre glaiſe avec des viteſſes égales entr'elles, Mais triples des viteſ-ſes des boules 3.

Dans ce cas (n) les enfoncements ont été plus grands, que dans le cas *m*, & dans le cas *o*. Dans le cas *n* ils ont été les plus petits.

Dans le cas *n* les boules font un plus long chemin & c'eſt à quoy elles étoient determinées : Entr'elles deux elles devoient faire un chemin de 6.

Dans le cas *m* le chemin ne devoit être que de 2.

Dans le cas *o*. Il devoit être entout de 4.

Obje-
ction.   XIII. Une boule *I*. avec deux de-grés de viteſſe, s'eſt enfoncée dans une boule de terre glaiſe affermie, Une boule 2 avec 2 degrés de vi-teſſe s'eſt enfoncée de la même quan-tité dans une boule de terre glaiſe du même poids fuſpenduë, & en repos, & après le choc, elles ont eu vi-teſſe *I*.

La

La quantité de mouvement dans le premier cas étoit 2 & cette quantité s'est perduë.

Dans le second cas elle étoit 4. l'Enfoncement a été égal, il s'est donc perdu 2 de quantité à le procurer, la boule frapante seule n'auroit dû avancer qu'avec *1* degré de vitesse, cependant elle avance d'un degré conjointement avec celle qu'elle entraine, ce qui en vaut deux.

XIV. MAIS il faut remarquer que quand une boule cede l'Enfoncement qui s'y produit se faisant du côté où elle cede, ses parties qui s'enfoncent de ce côté là, poussent le reste des autres, & la boule frapante fait avancer la frapée en l'enfonçant, de sorte qu'alors il arrive, ce qui arriveroit, s'il ne se faisoit point d'enfoncement, & qu'elles fussent toutes deux solides.

Quand une boule est arrestée une partie de la force frapante se consume aussi contre ce qui arreste cette boule, & se perd par rapport à l'enfoncement produit dans la boule molle, ou par rapport à ce qui devoit s'en produire.

Réponse.

H 7   XV.

XV. Si ou se sert de la ligne *A F*. pour représenter par ses divisions égales *Ab*, *bc*, *cd* &c. des temps égaux, & que les lignes *bc*, *cf* représentent les espaces par un mouvement qui s'augmente par des acroissemens uniformes: La somme des vitesses en *d* sera à la somme des vitesses en *F* comme le Triangle *Adg*, est au Triangle *AFG*. C'est a dire que la somme des vitesses aubout du temps *AF* sera a la somme de vitesse aubout du temps *Ad*, comme le quarré de *AF*, est au quarré de *Ad*.

Si on trouve apropos de se servir de *Ad*, & de *AF*, pour representer des vitesses, & des Triangles *Adg* *AFG* pour representer les forces. Ces forces croitront comme les quarrés des vitesses.

Mais une comparaison n'est pas une preuve; Il faut decider en quelle raison les forces croissent, avant que de pouvoir conclure, que les Triangles & leurs côtez sont entr'eux, en raison des forces & des vitesses & en presentent une juste image.

On suspend a l'Extremité du bras *D A* successivement une livre, 2 livres, 3 livres.

Lc

Le bras *D C*, ne peut s'élever, mais il peut baisser;

Un même poids tombant de la hauteur d'une mesure (cette mesure étoit de 3 pouces) ébranle le poids d'une livre & le souléve tant soit peu. Fig. 13.

Le même poids en tombant de la hauteur de 4 mesures, a le même effet sur un poids de 2 livres, tombant de la hauteur de 9 mesures, il a encore le même effet sur un poids de 3 livres.

Les forces du mobile croissent donc dans la raison de 1, 2, 3. Or c'est précisément dans cette proportion que croissent ses vitesses acquises au bout des chutes. Donc ses forces croissent comme ses vitesses, & non comme les quarrés de ses vitesses.

Cette experience est décisive, & n'est point exposée à des *exceptions*, comme les précedentes. Elles paroissent contraires, Mais mon explication les concilie.

Une boule suspendue a parcouru un arc de 5. Elle tombe sur une égale en repos : la force auroit été de 25. quarré de la vitesse 5. multiplié par le poids 1. Après le choc il faut di-

diviser la force par le poids de la maſ-
ſe qui eſt 2 & on aura $\frac{2\frac{1}{2}}{2}$ pour le
quarré, de la viteſſe, la viteſſe eſt
cependant $\frac{1}{2}$ dont le quarré n'eſt pas $\frac{2\frac{1}{2}}{2}$

Or il eſt viſible que ſi pour avoir
la force il faut multiplier le quarré
de la viteſſe par le poids ; pour avoir
le quarré de la viteſſe, il faut divi-
ſer la force par le poids.

Si la premiere boule fait *I.* de che-
min, la jre , & la 2e en feront $\frac{1}{2}$ après
le choc, $\frac{1}{2} \times \frac{1}{2} \left(= \frac{1}{4} \right) \times 2 = \frac{1}{2}$, la force ne ſeroit après le choc que la moi-
tié, de ce qu'elle etoit avant le choc.
Cependant elle produit autant d'effet, puis qu'elle fait faire a un double poids la moitié de chemin ; Les
quantités ſont les effets de la force,
les quantités ſe trouvent les mêmes,
& les forces ſont inégales.

F I N.

AVERTISSEMENT.

ON a cru qu'on se feroit un plaisir de lire une Dissertation tres bien écrite, & dans laquelle l'hypothese de Descartes sur le Mouvement est poussée dans toute sa force, & où l'Auteur paroit même avoir de la peine à comprendre comment il se peut faire que d'habiles gens approuvent ceux qui osent s'en écarter. Cette Dissertation sera suivie de quelques Remarques qui luy serviront de reponse.

www.ingramcontent.com/pod-product-compliance
Ingram Content Group UK Ltd.
Pitfield, Milton Keynes, MK11 3LW, UK
UKHW021214140726
13695UKWH00002B/536